EXERCICES D'ALGÈBRE.

Déposé conformément à la loi.

Imp. et Lith. de C. Annoot-Braeckman.

EXERCICES

D'ALGÈBRE,

PAR

F. J. RETSIN,

Docteur en sciences physiques et mathématiques, Professeur de mathématiques
supérieures à l'Athénée royal de Gand.

DEUXIÈME ÉDITION.

1re PARTIE.

**Questions relatives au premier degré et opérations
fondamentales de l'algèbre.**

GAND,

CHEZ LEBRUN-DEVIGNE, LIBRAIRE, RUE DES CHAMPS, No 29.

1862.

Mettre les jeunes gens en état de tirer partie de leurs connaissances mathématiques, quelque peu étendues qu'elles soient, tel est le but que nous nous sommes proposé d'atteindre en publiant cette seconde édition d'exercices algébriques.

La partie la plus intéressante de l'algèbre pour les jeunes gens qui ont quitté les études est, sans contredit, la résolution des problèmes; c'est aussi celle-là que nous avons surtout eu en vue dans ce recueil.

Nous avons divisé cette seconde édition en quatre parties graduées de la manière suivante :

La première traite des questions relatives au premier degré.

La seconde des questions qui dépendent des équations du second degré.

La troisième se rapporte aux progressions, aux logarithmes et à leurs applications.

La quatrième s'occupe des questions supérieures de l'algèbre élémentaire et de la théorie des nombres.

L'énoncé d'un problème renferme généralement des conditions d'où résultent des relations d'équivalence entre les valeurs de certaines expressions; celles-ci dépendent à la fois d'une ou de plusieurs quantités inconnues et d'autres quantités connues qui sont données par le problème. Établir ces relations d'équivalence, c'est *mettre le problème en équation;* déduire de ces relations ou équations la valeur des quantités inconnues requises par le problème, c'est *résoudre les équations.*

La résolution d'un problème se compose ainsi de deux parties distinctes, la *mise en équation* et la *résolution de l'équation* ou des équations, s'il y en a plus d'une, comme cela arrive pour certaines questions. On y ajoute une troisième partie qui consiste dans la vérification de la valeur trouvée pour l'inconnue; c'est la *preuve* du problème.

Cette dernière est, pour les problèmes numériques, du ressort de l'arithmétique; non assujettie à des règles précises et générales, elle s'effectue avec plus ou moins de facilité, suivant la sagacité de l'élève et l'habitude qu'il a de pareils exercices.

La mise en équation n'exige que peu de connaissances en algèbre; pour bien réussir dans cette opération, il suffit que l'élève sache faire un emploi convenable des signes algébriques dans la formation des expressions, et qu'il ait acquis une certaine habileté dans la vérification des problèmes. Les *litt.* **A, B, C, D** et **E** de la première section de ce livre ont, en conséquence, pour objet les signes algébriques, l'étude de la composition des expressions algébriques, et leur formation d'après des conditions données (**F**).

L'énoncé de certains problèmes fournit pour ainsi dire immédiatement l'équation qui doit donner la valeur de l'inconnue; dans d'autres cas ce ne sont point les conditions elles-mêmes de l'énoncé, mais d'autres tirées de celles-ci que l'on doit employer dans la mise en équation. Dans le premier cas les conditions sont dites *explicites*; elles sont *implicites* dans le second.

Quoiqu'il n'existe pas de règle précise pour la mise en équation d'un problème, on peut donner avec Lacroix le précepte suivant, dont l'application bien entendue conduit toujours à l'équation. En voici l'énoncé :

Regarder le problème comme résolu, et indiquer à l'aide des signes algébriques sur les quantités connues, représentées soit par des nombres soit par des lettres, et sur l'inconnue toujours représentée par une lettre, les mêmes raisonnements et les mêmes opérations qu'il faudrait effectuer pour vérifier la valeur de l'inconnue, si cette valeur était donnée.

Ce précepte montre l'utilité, la nécessité même pour les élèves de s'occuper de la vérification dont nous avons parlé plus haut; aussi feront-ils bien de s'habituer à l'appliquer aux différents problèmes qu'ils peuvent avoir à résoudre. Nous leur conseillons de vérifier, par écrit, avec les raisonnements nécessaires, les problèmes de la *litt.* **H**;

ils trouveront les valeurs des inconnues à la suite des énoncés; ils pourront de même vérifier les problèmes des *litt.* **Z, Z'** et **O,** pages 19, 25 et 41. Leur travail se trouvera d'ailleurs simplifié par les considérations suivantes :

1° Si la somme de deux nombres est donnée et que l'un d'eux est représenté par x, l'autre nombre est égal à la somme donnée *moins x.*

2° Si la différence de deux nombres est donnée et que le plus petit est représenté par x, le second le sera par x *plus* la différence donnée. Si le plus grand est représenté par x, le plus petit sera égal à x *moins* la différence.

3° Si le produit de deux nombres est donné et que l'un d'eux est représenté par x, l'autre sera égal au produit donné *divisé par x.*

4° Si on prend la n^{me} partie d'un tout, le reste, égal aux $(n-1)$ n^{mes} de ce tout, est représenté par la fraction $\dfrac{n-1}{n}$. Si au contraire on ajoute un n^{me} à un tout, la somme, égale aux $(n+1)$ n^{mes} du tout est représentée par $\dfrac{n+1}{n}$.

5° Si d'une somme s on prend un n^{me} moins une somme a, le reste, égal aux $(n-1)$ n^{mes} de la somme plus a, est représenté par $s \cdot \dfrac{n-1}{n} + a$. Si on prend un m^{me} plus une somme a, le reste, égal aux $(m-1)$ m^{mes} moins a, sera représenté par $s \cdot \dfrac{m-1}{m} - a$.

La résolution d'une équation est la partie algébrique du problème; les différents calculs qu'elle exige sont basés sur des règles dont la connaissance est indispensable; ces règles, nous les avons énoncées dans la troisième section; elles précèdent les énoncés des exercices auxquels elles se rapportent. La table des matières les fera facilement trouver pour qu'on puisse les appliquer aux deux premières sections.

Nous exposons en note à la page 5 un système de combinaisons qui, appliqué aux diverses opérations fondamentales de l'algèbre, nous a permis d'indiquer en peu de lignes un nombre considérable d'exercices.

Les quantités destinées à entrer dans les calculs proposés dans ces exercices sont inscrites en colonnes dans des tableaux; ces colonnes sont surmontées chacune d'une lettre qui représente l'une quelconque des quantités placées au-dessous d'elle. Ainsi dans la colonne surmontée de la lettre A page 4, A représente l'une quelconque des 9 quantités qui composent cette colonne, on les distingue les unes des autres par un indice écrit à droite et vers le bas de la lettre A; A_4 représente donc la quatrième quantité inscrite dans la colonne c'est-à-dire $7x$; de même $A_7 = 9x + 2$; $B_5 = 3x$; $C_8 = 4x - 5$; $D_9 = 17 - 15x$. Les quantités inscrites dans les tableaux donnés aux pages 4 et 5 servent à former les expressions algébriques proposées à la *litt.* **D**; elles doivent aussi entrer, comme quantités, dans les sommes et les différences et, comme multiplicandes, dans les produits que l'on propose de former depuis les *litt.* **I** jusqu'à la *litt.* **V**. Les pages 28 et 30 contiennent des tableaux analogues pour les expressions à deux ou à trois inconnues; enfin les tableaux des pages 59 et 76 donnent les facteurs des multiplications de polynôme par polynôme et des quantités littérales fractionnaires de la troisième section.

Quand l'élève se sera suffisamment appliqué à ces exercices de calcul, il passera à la résolution des équations à une inconnue. Ces équations données aux pag. 13, 14, etc., peuvent être augmentées indéfiniment en nombre par les considérations exposées à la page 19, n°ⁿ 25 et 27, et en note à la page 36. L'étude des équations sera suivie de la résolution des problèmes.

La note de la *litt.* **L**, page 53, permet de multiplier indéfiniment le nombre des équations à résoudre; chaque numéro de cette *litt.* offrant plusieurs équations satisfaites par une même valeur de x et une même valeur de y, non seulement on peut combiner ces équations deux à deux de diverses manières, et en augmenter le nombre conformément à la note de la page 36, mais on pourra encore combiner la somme de deux ou de trois d'entre elles avec la somme ou la différence de deux ou trois autres. La même observation s'applique aux équations à plus de deux inconnues données aux pages 57 et 58.

La troisième section a pour but la généralisation des problèmes. Avec elle commence le calcul littéral proprement dit; les exercices concernant les différentes parties de ce calcul sont donnés depuis la *litt.* **C** jusqu'à la *litt.* **V**. Des équations et des problèmes à une, à deux et à trois inconnues terminent cette section.

EXERCICES D'ALGÈBRE.

PREMIÈRE PARTIE.

PREMIÈRE SECTION.

A. *Définir les termes suivants :*

Algèbre; théorème, problème; quantité algébrique, quantités connues et quantités inconnues d'un problème; opérations fondamentales, (quelles sont-elles?); signes, coëfficient, exposant; expression algébrique, monôme, binôme, polynôme; terme, terme additif ou positif, terme soustractif ou négatif; signe d'égalité, signes d'inégalité (quels sont-ils?); équation.

B. *Expressions à traduire en langage ordinaire.*

1. $a+5$, $7+b$, $a-2$, $10-c$, $a+b$, $m-n$.

2. $a+b+c$, $a+b-c$, $a-b+c$, $a+b+8$.

3. $a+b+c-5$, $a+5+b-7$, $a-2-b+10$.

4. $3a$, $6b$, $2a+1$, $5b-6$, $2a+4$, $2a-5b$.

5. $a+(a+a)$, $a+(b+c)$, $a+(b-c)$, $(a+b)-c$.

1

6. $a-(b+c)$, $a-(b-c)$, $a-(10+a)$, $20-(a-10)$.

7. $5(a+b)$, $2(a-b)$, $5(a+5)$, $7(a-4)$.

8. $5(2a+4)$, $5(6-2b)$, $8(4a+b)$, $4(5a-2b)$.

9. $6(m+n+p)$, $5(m-n+4)$, $8(2m+5n-9)$.

10. $5(2m+n)+4(3n-8)$, $2(5m-7)-5(2m+3n)$.

11. $7(m+2n)-6\{4n+2(10m+5)-3(2m+n-5)\}$.

12. $\dfrac{1}{2}a$, $\dfrac{2}{3}b$, $\dfrac{2}{5}a$, $\dfrac{3}{7}b$, $\dfrac{1}{2}(a+b)$, $\dfrac{1}{3}(a-b)$.

13. $\dfrac{a}{2}$, $\dfrac{b}{3}$, $\dfrac{2a}{5}$, $\dfrac{3b}{7}$, $\dfrac{a+b}{2}$, $\dfrac{a-b}{3}$.

14. $\dfrac{1}{2}a+\dfrac{1}{3}b$, $\dfrac{2}{5}a-\dfrac{3}{4}b$, $\dfrac{5}{5}a-\dfrac{1}{5}(2a+b)$.

15. $\dfrac{x}{3}+\dfrac{2}{5}$, $\dfrac{x}{4}+\dfrac{16-x}{5}$, $\dfrac{x-5}{8}-\dfrac{x-5}{7}$.

16. $\dfrac{2}{5}x+\dfrac{1}{5}\left\{2x-6\left(\dfrac{1}{2}x+1\right)\right\}-\dfrac{1}{5}\left\{4x+\dfrac{1}{5}(2x-1)\right\}$.

C. *Donner les valeurs numériques des expressions précédentes en supposant :* 1° $a=20$, $b=5$, $c=10$, $m=12$, $n=4$, $p=2$, $x=8$;   2° $a=4\dfrac{5}{4}$, $b=2\dfrac{4}{5}$, $c=1\dfrac{2}{5}$, $x=8\dfrac{1}{9}$, $m=\dfrac{1}{2}$, $n=\dfrac{1}{3}$.

D. *Vérifier les équations données aux littera* **X** *et* **Y** *en prenant pour valeurs de x les nombres écrits respectivement à la suite des numéros correspondants des littera* **H** *et* **Z**.

E. *Expressions à former par substitution.*

N. B. **Voir** la note ci-dessous, et celle de la litt. **I.**

1. $A+B$, $A+C$, $C+D$, $2B$, $5A$, $4C$, $2D+A$.

2. $A-B$, $B-C$, $D-C$, $2B-A$, $2C-B$, $2D-C$.

3. $2A+3B$, $2C+5D$, $5A-2C$, $2A-2B$, $2D-5C$.

4. $A + B + C$, $A + C + B + D$, $A - B + C$, $D - A - C$.

5. $A - (B + C)$, $2B - (2C + D)$, $A - 2C + 3D - B$.

6. $A.3$, $B.5$, $C.4$, $D.7$, $(A + B).3$, $2D.5$, $(B + 2C).8$.

7. $A.2 + C.4$, $D.5 - A.3$, $C.8 - B.3$, $2A + 2D.4$.

8. $(2A + 3B)5 - C.6$, $A.4 + (D - 2C).7 - (A + 2D).3$.

9. $A:5$, $B:5$, $C:6$, $(A + B):10$, $(C - A):3$, $(D - C):4$.

10. $2A:9$, $3B:5$, $(A + C):7$, $(2B - C):3$, $(D - 2A):4$.

11. $A.A$, $A.B$, $C.B$, $2A.D$, $A.2D$, $2B.2C$, $A.C + D.B$.

12. $(A + C).A$, $(D - B).(A - C)$, $(2A - B).(D + 2C)$.

13. Accentuer les lettres dans les expressions de ces différents numéros et se servir ensuite du deuxième tableau.

14. Accentuer certaines lettres dans les expressions des numéros précédents 1 à 12. Les expressions à former seront ainsi composées de quantités entières et de quantités fractionnaires.

N. B. **a.** Dans les numéros précédents A représente l'une quelconque des quantités écrites sous la lettre A dans le premier tableau donné ci-dessous ; de même B, C et D représentent l'une quelconque des quantités écrites sous les lettres B, C et D du même tableau ; A′, B′, C′ et D′ expriment l'une quelconque des quantités écrites sous ces lettres dans le deuxième tableau (page 5).

b. $2A$, $3B$, $4C$..... expriment respectivement la somme de deux des quantités du groupe A, de trois quantités du groupe B, de quatre du groupe C..... du premier tableau.

Exemples : $2A = A_3 + A_7 = 2x + (9x + 2)$.

$3B = B_2 + B_5 + B_6 = 2 + (2x + 1) + (3 + 2x)$.

$4D = D_3 + D_5 + D_7 + D_9 = (x - 3) + (5x - 4) + (12 - 3x) + (17 - 15x)$.

c. De même pour $2A′$, $3B′$, $4C′$..... les quantités étant prises dans le second tableau.

Exemples : $2A′ = A′_4 + A′_8 = \left(2 + \frac{1}{3}x\right) + \frac{5 + 8x}{6}$.

$5B′ = B′_4 + B′_7 + B′_8 = \left(3 + \frac{3}{5}x\right) + \frac{4x + 7}{5} + \frac{10 + 9x}{8}$.

d. $A + B$, somme d'une quantité du groupe A et d'une du groupe B.

Exemple : Le n° 5 de A et le n° 3 de B donnent $A_5 + B_3 = (x + 1) + 3x$.

De même $C_4 + D_8 = (3 - x) + (20x - 14)$, $A_7 + B′_4 = (9x + 2) + \left(3 + \frac{3}{5}x\right)$.

e. A — B, différence d'une quantité du groupe A et d'une quantité du groupe B.

$$A_2 - B_7 = 2 - (7x + 5), \qquad B_6 - D_4 = (5 + 2x) - (4 - x).$$

De même $\quad C'_8 - A'_5 = \dfrac{12 - 5x}{8} - \left(5 + \dfrac{2}{5}x\right).$

f. A + B — C + D, A — B' + D' — C, A' — C — D' + A, quantités des groupes A, B,... A', B'... réunies entre elles par le signe + ou le signe —.

Ex. : $\quad A_5 - B'_5 + C_7 - D'_4 = (x + 1) - \left(2 + \dfrac{1}{2}x\right) + (10x - 1) - \left(4 - \dfrac{2}{5}x\right).$

g. A.2, B.5, (A+D).4, (A—C').$\dfrac{2}{5}$, 5A.4 produits d'une quantité d'un groupe, ou de la somme ou de la différence de deux quantités de groupes différents, ou de la somme de deux ou trois quantités d'un même groupe, par un nombre entier ou fractionnaire.

Ex. : $\quad A_4 . 2 = 7x \times 2, \qquad C'_7 . 3 = \dfrac{4x - 7}{5} \times 3.$

$$5A . 5 = (A_2 + A_5 + A_8) . 5 = \left\{2 + (x + 1) + (11 + 2x\right\} \times 5.$$

h. A.B, A:C, (A'+D').C', (A'—B+C'):(D—B')... produits et quotients de quantités simples ou combinées des groupes des deux tableaux.

Ex. : $\quad A_5 . B_5 = (x + 1) . (2x + 1), \qquad A_6 : C_8 = (5 + x) : (15 - 12x),$

$$(A'_9 - B'_6 + C'_3):(D'_5 - B'_4) = \left\{\dfrac{2}{5}x - \left(\dfrac{3}{5} + 2x\right) + \left(\dfrac{3}{4}x - 1\right)\right\} : \left\{(5 - x) - \left(3 + \dfrac{3}{5}x\right)\right\}.$$

Tableau Nᵒ 1.

	A.	B.	C.	D.
1.	x	x	$x - 1$	$x - 1$
2.	2	2	$1 - x$	$1 - x$
3.	$2x$	$3x$	$x - 2$	$x - 3$
4.	$7x$	$6x$	$5 - x$	$4 - x$
5.	$x + 1$	$2x + 1$	$4x - 5$	$5x - 4$
6.	$5 + x$	$3 + 2x$	$- x$	$- 2$
7.	$9x + 2$	$7x + 5$	$10x - 1$	$12 - 5x$
8.	$11 + 2x$	$15x + 7$	$15 - 12x$	$20x - 14$
9.	$13x + 17$	$10 + 6x$	$15x - 12$	$17 - 15x$

Tableau N° 2.

	A′	B′	C′	D′
1.	$\frac{1}{2}x$	$\frac{1}{5}x$	$\frac{1}{4}x$	$\frac{1}{5}x$
2.	$\frac{2}{5}x$	$\frac{2}{5}x$	$\frac{1}{5}x$	$\frac{2}{3}x$
3.	$\frac{3}{4}x+1$	$2+\frac{1}{2}x$	$\frac{3}{4}x-1$	$\frac{5}{5}x-2$
4.	$2+\frac{1}{5}x$	$3+\frac{3}{5}x$	$2-\frac{1}{5}x$	$4-\frac{2}{3}x$
5.	$3+\frac{2}{5}x$	$6+x$	$3-\frac{3}{7}x$	$3-x$
6.	$\frac{3}{5}+2x$	$\frac{3}{5}+3x$	$\frac{2}{5}-3x$	$\frac{2}{5}-2x$
7.	$\frac{2x+3}{7}$	$\frac{4x+7}{5}$	$\frac{4x-7}{5}$	$\frac{6x-5}{4}$
8.	$\frac{5+8x}{6}$	$\frac{10+9x}{8}$	$\frac{12-5x}{8}$	$\frac{7-4x}{5}$
9.	$\frac{4}{5}+\frac{3}{7}x$	$\frac{2}{5}x+\frac{3}{4}$	$\frac{3}{4}x-\frac{1}{5}$	$\frac{5}{6}-\frac{2}{7}x.$

F. *Exprimer algébriquement (avec raisonnement).*

1. La somme d'un nombre x augmenté de 5.

2. La différence entre 15 et le nombre x.

3. Deux nombres dont la somme vaut 25, et dont x est le plus grand.

4. Deux nombres dont la différence est 10, et dont x est le plus grand.

5. Deux nombres dont la différence est 81, et dont x est le plus petit.

6. Deux nombres entiers consécutifs dont x est le plus petit ou y le plus grand.

7. Trois nombres dont x est le plus grand et tels que le moyen soit de 5 au-dessous du plus grand et de 6 au-dessus du plus petit.

8. Trois nombres dont x est le moyen et tels que le plus grand surpasse le moyen de 10 et le plus petit de 16.

9. Trois nombres qui valent ensemble 100 et tels que le moyen représenté par x soit de 10 au-dessus du plus petit.

10. Le double de x; le triple de x; le produit de x multiplié par 7; le produit de 5 multiplié par le nombre x augmenté de 13.

11. Que le triple de x augmenté de 2 est multiplié par 4.

12. Que la différence entre 4 fois x et 20, est multipliée par 30.

13. La moitié de x; le tiers de x; les deux cinquièmes de x; le quotient de x divisé par 5; le quotient du triple de x divisé par 7.

14. Que le quadruple de x diminué de 18, est divisé par 5.

15. Qu'un nombre x est multiplié par 5; que le produit augmenté de 6 est divisé par 7; que le quotient diminué de 10 est multiplié par 8, et que le produit diminué de 15 est divisé par 10.

16. Ce qui reste lorsque du nombre x on retranche la moitié; ce qui reste lorsqu'on retranche le tiers, le quart, le cinquième....

17. Ce qui reste du nombre x lorsqu'on en retranche les deux tiers, les trois quarts, les cinq septièmes, les sept dixièmes, etc.

18. Ce que devient un nombre x lorsqu'on l'augmente de 3 p. %; ce qu'il devient lorsqu'on l'augmente de 4, de 5.... p. %.

19. Ce que devient un nombre x lorsqu'on le diminue de 3, de 4, de 5... p. %.

20. 1° De quelle quantité un nombre x est augmenté lorsqu'il s'accroît de 3, de 4, de 5....p. %. 2° De quelle quantité un nombre x est diminué lorsqu'on le diminue de 3, de 4, de 5... p. %.

21. La valeur d'une somme de 1245 francs, augmentée de x p. %.

22. L'augmentation que subit une somme de 2525 francs, lorsqu'on l'augmente de x p. %.

23. De combien p. % une somme de 5000 francs est augmentée si elle s'est accrue de x francs.

24. De combien p. % une somme de 2000 fr. s'est accrue si elle a acquis une valeur de x francs.

25. Quelle partie d'un ouvrage deux ouvriers font en x heures si

le premier peut exécuter seul tout l'ouvrage en 12 heures et le second en 14 heures.

26. Cinq nombres entiers consécutifs dont x est le plus petit, ou y le plus grand ou z le moyen.

27. Le nombre de deux chiffres dont les dizaines sont représentées par a et les unités par b.

G. *Vérifier les problèmes* (**H**) *avec les nombres donnés à la suite de chaque énoncé.*

N. B. Ces nombres se rapportent dans les énoncés, où une distinction est nécessaire, aux mots mis en italiques.

H. *Mettre en équation les problèmes suivants.*

1. La somme de deux nombres consécutifs est égale à 665, quels sont ces nombres? (331, 332.

2. *Pierre* et Paul ont ensemble 5999 francs; Pierre a 941 fr. de plus que Paul, combien ont-ils chacun? (3470.

3. Un *frère* et une sœur ont ensemble 20 ans; la sœur a 2 ans de plus que le double de l'âge de son frère; quel est l'âge de chacun? (6.

4. Deux nombres valent ensemble 482; le plus grand surpasse de 44 le quadruple du *plus petit;* quels sont ces nombres? (73.

5. Partager le nombre 98 en deux parties telles que le triple de *la plus grande* surpasse de 7 le quadruple de la plus petite. (57.

6. Deux négociants ont acheté ensemble 2000 kilogrammes de marchandise, le premier doit en avoir pour sa part 3 fois autant que *le second;* combien pour chacun? (500.

7. Partager 15480 fr. entre deux personnes, de manière que la première ait 1000 fr. de moins que le triple de la part de *la seconde.* (4105.

8. *Pierre* et Paul ont ensemble 9000 fr.; le *premier* doit au second 229 fr.; après s'être acquitté de sa dette il a deux fois autant que Paul; combien avaient-ils d'abord?. (6229.

9. On a payé 205 fr. pour 90 bouteilles de vin, dont *une partie à 2 fr.* la bouteille et l'autre à 2,50 fr.; combien a-t-on acheté de bouteilles de vin de chaque espèce? (40.

10. B a acheté deux qualités de thé, l'une à 15 fr. le kilogramme, l'autre à 16 fr.; de la deuxième qualité il a acheté 25 kilogrammes de plus que de *la première*, et a payé 905 fr. pour le tout; combien de kilogrammes de chaque qualité de thé B a-t-il acheté? (20.

11. Un frère a le triple de l'âge de sa *sœur*, dans 2 ans il n'en aura plus que le double; quel est l'âge de chacun? (2.

12. Il y a 7 ans, Pierre avait le triple de l'âge de *Paul;* dans 5 ans il aura 8 ans de moins que le double de l'âge de Paul; quel âge ont-ils? (9.

13. Partager 240 en trois parties telles que *la moyenne* soit de 14 au-dessous de la plus grande et de 23 au-dessus de la seconde. (83.

14. B a acheté du vin à 2 fr., à 2,50 et à 3 fr. la bouteille; de la première espèce il a acheté 40 bouteilles de plus que de la *seconde* et de la troisième 25 bouteilles de moins que de la première; il a payé pour le tout 575 fr.; combien a-t-il acheté de bouteilles de vin de chaque espèce? (60.

15. Partager 2500 fr. entre trois personnes, A, B et C; la *première* doit avoir 600 fr. de plus que C; la seconde doit avoir 500 fr. de moins que A et C ensemble. (1000.

16. Un nombre augmenté de son quart donne 200 pour somme; quel est ce nombre? (160.

17. Quel est le nombre qui augmenté de son tiers donne 120 pour somme? (90.

18. Quel nombre doit-on diminuer de ses deux cinquièmes pour avoir un reste égal à 30? (50.

19. Quel est le nombre qui excède son quart de 27? (36.

20. Quel est le nombre qui augmenté de 7 est égal à cinq fois son quart? (28.

21. Un nombre est autant au-dessus de son sixième que 26 est au-dessus du quart de ce nombre; quel est-il? (24.

22. Quel est le nombre dont les trois quarts surpassent de 5 la moitié plus le cinquième du même nombre? (100.

23. Les deux septièmes d'un nombre diminués de 4 valent le sixième du même nombre augmenté d'une unité; quel est ce nombre? (42.

24. *A* partage son revenu de 3500 fr., de telle sorte que ce qu'il donne à sa famille vaut le sixième de *ce qu'il garde* pour lui; comment fait-il ce partage? (3000.

25. *A* partage son revenu de 5200 fr. en trois parties; *la première*, qu'il affecte à ses dépenses, vaut cinq fois la seconde, consacrée à sa famille; la deuxième part vaut le double de la troisième, destinée aux pauvres; comment partage-t-il son revenu? (4000.

26. Une *somme* est placée à 5 p. °/₀ par an; une somme double est placée à 4,5 fr.; les deux intérêts s'élèvent ensemble à 1400 fr.; quelles sont ces sommes? (10000.

27. Une *somme* de 10000 fr. est placée à intérêt; une somme double est placée à 50 centimes de moins p. °/₀ que la première et rapporte 400 fr. de plus; à quels taux sont-elles placées? (5.

28. Une personne a placé le tiers d'une somme à 4 p. °/₀ et le reste à 4,5; au bout d'un an cette somme a acquis une valeur de 9390 fr.; quelle était-elle au moment du placement? (9000.

29. Partager 5500 fr. en deux parties telles qu'en les plaçant à 5 p. °/₀, la plus grande donne au bout d'un an un intérêt égal à la valeur qu'acquiert *la plus petite*. (150.

30. On a 10 kilogrammes d'argent à 0,850 de fin; combien doit-on y mêler de kilogrammes d'argent pur pour que l'alliage soit à 900 de fin? (5.

31. D'une somme on prend un cinquième, moins 100 fr.; du reste on prend le quart, plus 100 fr.; il reste alors 550 fr.; quelle est cette somme? (625.

OPÉRATIONS FONDAMENTALES.

QUANTITÉS ENTIÈRES.

I. *Additions.*

Former d'après la note de la *litt.* **E** les expressions suivantes, et effectuer ensuite les opérations.

1. $2A$, $2B$, $A + B$, $3A$, $A + 2B$, $4A$, $2A + 2B$.

2. $A + 3B$, $A + 2B + A$, $5A$, $2A + 3B$, $A + 4B$, $A + 2B + 2A$.

On vérifiera le résultat de chaque opération en donnant à x une valeur numérique quelconque, telle que 1, 2, 3..., dans l'expression de l'opération indiquée et dans l'expression du résultat de l'opération; les valeurs numériques obtenues après réduction devront être égales.

N. B. Les élèves auront soin d'indiquer d'avance, à l'aide d'indices placés à la droite en bas des lettres, les quantités qu'ils feront entrer dans les expressions. (Voir, comme exemples, les *litt.* **B, C**, etc., de la note donnée à la *litt.* **E.**

K. *Soustractions.*

$A - B$, $2A - B$, $A - 2B$, $3A - 2B$, $2A - 3B$.

L. *Additions et soustractions.*

1. $A + C$, $D + B$, $A - C$, $D - B$, $C + D$, $C - D$,

2. $A + C - D$, $A - 2C$, $A + C + B + D$, $A - C + B - D$,

3. $D + B - (A + C)$, $2A - 2C$, $2A - (3C + D)$, $A - 2C + 3D - B$.

M. *Multiplications.*

1. $A.3$, $C.4$, $B.5$, $D.2$, $(A + D).5$, $(B - C).6$.

2. $2A.3$, $(2B - C).4$, $(A - C - D).5$, $(3C - 2D).4$.

N. *Opérations combinées.*

1. $A.5 + C.2,$ $A.4 - D.5,$ $A + D.3 - C.2.$

2. $(A + B.2).5 - (D.4 - C.2).5,$ $(5B - 2C).6.$

3. $(2A + B.2 - C).4 - (2C - D.5 + 2A.2)5 + B - A.$

O. *Divisions.*

1. $4x : 2,$ $10x : 5,$ $8x : 4,$ $7x : 7,$ $9x : 5.$

2. $8x : 2x,$ $15x : 5x,$ $12x : 5x,$ $20x : 10x.$

3. $(4x + 2) : 2,$ $(9x + 12) : 5,$ $(28 + 35x) : 7.$

4. $(6x - 9) : 5,$ $(18 - 6x) : 6,$ $(27x - 54) : 9.$

5. $\frac{1}{2}(4x + 8),$ $\frac{1}{5}(10 - 15x),$ $\frac{1}{7}(49x - 14).$

FRACTIONS.

P. *Simplifications.*

1. $\dfrac{2x}{4},$ $\dfrac{5x}{6},$ $\dfrac{4x}{8},$ $\dfrac{5x}{9},$ $\dfrac{12x}{15},$ $\dfrac{10x}{15},$ $\dfrac{21x}{14}.$

2. $\dfrac{5y}{100y},$ $\dfrac{50y}{200y},$ $\dfrac{40y}{20y},$ $\dfrac{520}{16y},$ $\dfrac{9}{12y},$ $\dfrac{15}{25y}.$

3. $\dfrac{2z + 4}{8},$ $\dfrac{5z - 9}{12},$ $\dfrac{6z + 15}{12z},$ $\dfrac{14 - 8z}{10z}.$

4. $\dfrac{5}{10 - 5a},$ $\dfrac{12}{24 + 4a},$ $\dfrac{6a}{5 - 6a},$ $\dfrac{8a}{16 + 4a}.$

5. $\dfrac{5b + 6}{5 + 6b},$ $\dfrac{8b - 4}{8 - 4b},$ $\dfrac{5b - 10}{15 + 20b},$ $\dfrac{40 + 16b}{24b - 8}.$

6. $\dfrac{6n + 4}{9n + 6},$ $\dfrac{8n - 12}{12n - 18},$ $\dfrac{14 - 4n}{55 + 10n},$ $\dfrac{20 - 12n}{25 - 15n}.$

Q. *Réductions au même dénominateur.*

1. $\dfrac{x}{2}$ et $\dfrac{x}{5}$, $\quad \dfrac{2x}{3} \quad \dfrac{x}{4}$, $\quad \dfrac{4x}{5} \quad \dfrac{2x}{5}$, $\quad \dfrac{x}{7} \quad \dfrac{5x}{8}$.

2. $\dfrac{a}{2}$ et $\dfrac{a}{4}$, $\quad \dfrac{a}{5} \quad \dfrac{a}{6}$, $\quad \dfrac{5a}{12} \quad \dfrac{3a}{8}$, $\quad \dfrac{a}{9} \quad \dfrac{2a}{15}$.

3. $\dfrac{x}{2}$ et x, $\quad 2x \quad \dfrac{2x}{5}$, $\quad \dfrac{x}{2} \quad 2$, $\quad 5 \quad \dfrac{2x}{7}$,

4. 3 et $\dfrac{2}{x}$, $\quad 5 \quad \dfrac{2}{3x}$, $\quad \dfrac{5}{4} \quad \dfrac{3}{5x}$, $\quad \dfrac{8}{5x} \quad \dfrac{9}{7x}$.

5. $\dfrac{z}{2} \quad \dfrac{2z}{3}$ et $\dfrac{z+1}{5}$, $\quad \dfrac{z}{4} \quad \dfrac{2z}{7} \quad \dfrac{z-2}{12}$, $\quad \dfrac{z}{2} \quad \dfrac{z-4}{5} \quad \dfrac{z}{12}$.

6. $\dfrac{4z}{15} \quad \dfrac{5z}{10}$ et $\dfrac{7z}{25}$, $\quad 2 \quad \dfrac{5z}{5} \quad \dfrac{4z}{9}$, $\quad 3 \quad \dfrac{21}{5z} \quad \dfrac{11}{2z}$.

7. $\dfrac{5}{5}$ et $\dfrac{1}{z+1}$, $\quad \dfrac{4}{7} \quad \dfrac{2}{2z-3}$, $\quad \dfrac{2}{9} \quad \dfrac{3z+5}{5-5z}$.

R. *Additions.*

1. Faire la somme des fractions données *litt.* **Q,** en les prenant deux à deux pour les nᵒˢ 1 à 4 et trois à trois pour les nᵒˢ 5 et 6.

2. Ajouter les fractions contenues dans chacun des nᵒˢ de 12 à 15 de la *litt.* **B.**

3. Vérifier les résultats en donnant certaines valeurs numériques aux quantités littérales.

S. *Soustractions.*

Supposer le signe — entre les fractions données deux à deux dans les nᵒˢ 1, 2, 3, 4 et 7 de la *litt.* **Q**; effectuer les soustractions et vérifier à l'aide de valeurs numériques.

T. *Multiplications.*

Multiplier les fractions de la *litt.* **Q** et celles des n°ˢ 12-15 de la *litt.* **B** par 2, 3, 4, 5 ou 6. Vérifier à l'aide de valeurs numériques.

U. *Divisions.*

Diviser les mêmes fractions (**T**) par 2, 3, 4, 5 ou 6.

V. *Fractions de fractions.*

Donner des mêmes fractions (**T**) la moitié, le tiers, les deux tiers, les trois cinquièmes, les cinq septièmes.

W. *Récapitulation.*

1. Des premiers membres des équations données aux *litt.* **X** et **Y** retrancher les seconds membres et simplifier les expressions qui en résultent.

2. Simplifier les expressions, 1 — 10, formées d'après les numéros 13 et 14 de la *litt.* **E**.

5. Vérifier les résultats par des valeurs numériques.

X. *Équations à résoudre.*

N. B. Ces équations répondent respectivement aux numéros de la *litt.* **H**.

1. $x + (x + 1) = 665$.   Réponse 551.

2. $x - (5999 - x) = 941$.   R. 3470.

5. $2x + 2 = 20 - x$.   R. 6.

4. $x + 44 + x = 482$.   R. 75.

5. $5x = 4(98 - x) + 7$.   R. 57.

6. $x + 5x = 2000$.   R. 500.

7. $5x - 1000 = 15420 - x$.   R. 4105.

8. $x - 229 = 2(9000 - x + 229)$.   Réponse 6229.

9. $2x + 2,50.(90 - x) = 205$.   R. 40.

10. $16x + 5(x + 25) = 905$.   R. 20.

11. $3x + 2 = 2(x + 2)$.   R. 2.

12. $5(x - 7) + 7 + 5 = 2(x + 5) - 8$.   R. 9.

13. $(x + 14) + x + (x - 25) = 240$.   R. 83.

14. $2(x + 40) + 2,50.x + 5(x + 15) = 575$.   R. 60.

15. $x + (x - 600) + \{(x + x - 600) - 500\} = 2500$.   R. 1000.

16. $x + \dfrac{1}{4}x = 200$.   R. 160.

17. $x + \dfrac{1}{3}x = 120$.   R. 90.

18. $x - \dfrac{2}{5}x = 50$.   R. 50.

19. $x - \dfrac{1}{4}x = 27$.   R. 36.

20. $x + 7 = 5 \cdot \dfrac{x}{4}$.   R. 28.

21. $x - \dfrac{1}{6}x = 26 - \dfrac{1}{4}x$.   R. 24.

22. $\dfrac{5}{4}x = \dfrac{1}{2}x + \dfrac{1}{5}x + 5$.   R. 100.

23. $\dfrac{2}{7}x - 4 = \dfrac{1}{6}x + 1$.   R. 42.

24. $x + \dfrac{1}{6}x = 5500$.   R. 5000.

25. $x + \frac{1}{5}x + \frac{1}{2}\left(\frac{1}{5}x\right) = 5200.$ Réponse 4000.

26. $0,05.x + 0,045.2x = 1400.$ R. 10000.

27. $200(x - 0,50) - 100x = 400.$ R. 5.

28. $1,04 \cdot \frac{1}{5}x + 1,045 \cdot \frac{2}{5}x = 9590.$ R. 9000.

29. $0,05.(5500 - x) = 1,05.x.$ R. 150.

50. $8,500 + x = 0,900.(10 + x).$ R. 5.

51. $\frac{3}{4}\left(\frac{4}{5}x + 100\right) - 100 = 550.$ R. 625.

Y. *Équations à résoudre.*

N. B. Ces équations répondent aux numéros de la *litt.* **z.**

1. $10x + (12 - x) + 54 = 10(12 - x) + x.$ Réponse 59.

2. $10x + (15 - x) - 75 = 59 - \frac{1}{2}\left\{10(15 - x) + x\right\}.$ R. 85.

5. $7x + 10 = 9x - 20.$ R. 15.

4. $12x + 4 = 2(5x + 4 + x + 4).$ R. 3.

5. $5x - 4(24 - x) = 21.$ R. 13.

6. $5x + 0,50.52x + 52x : 50 = 1475.$ R. 45.

7. $x + (x + 1) + (x + 2) + (x + 4) + (x + 5) = 1015.$ R. 201.

8. $x + 5x + 6x = 100.$ R. 10.

9. $\frac{1}{4}x + 17 + \frac{1}{5}x + 18 + \frac{1}{7}x + 22 = x.$ R. 140.

10. $\frac{1}{5}x + \frac{1}{6}x + \frac{1}{8}x + 61 = x.$ R. 120.

11. $\frac{1}{2}x = \frac{1}{4}x + \frac{1}{5}x + 7.$ R. 140.

12. $\dfrac{2}{5}x - 20 = \dfrac{1}{2}x - 5.$ Réponse 90.

13. $\dfrac{2}{5}x - 10 = \dfrac{1}{2}x + \dfrac{1}{5}\left(\dfrac{1}{5}x + 10\right).$ R. 120.

14. $\dfrac{1}{2}\left(\dfrac{1}{2}x - \dfrac{1}{2}\right) + \dfrac{1}{2} = 10.$ R. 59.

15. $\left\{\dfrac{5}{4}x - \dfrac{3}{11}\left(20 - \dfrac{3}{8}x\right)\right\} \cdot 12 = \dfrac{1}{2}x.$ R. $6\dfrac{78}{107}.$

16. $\dfrac{5}{7}\left(\dfrac{4}{5}x - 50\right) - 50 = \dfrac{1}{2}\left(\dfrac{x}{5} + 50\right) + \dfrac{5}{6}\left\{\dfrac{2}{7}\left(\dfrac{4x}{5} - 20\right) + 50\right\}.$

17. $\dfrac{5}{5}x + x + \dfrac{6}{5}x = 7500.$ R. 2750.

18. $x + \dfrac{5}{4}x + \dfrac{5}{5}\left(\dfrac{5}{4}x\right) = 4400.$ R. 2000.

19. $\dfrac{5}{4}\left(\dfrac{6x}{7} + 6\right) + 10 = x + 12.$ R. 7.

20. $\dfrac{5}{4}\left(\dfrac{2x}{3} - 10\right) + 10 + \dfrac{2}{5}\left(\dfrac{1}{5}x + 10\right) + \dfrac{5}{7}\left\{\dfrac{1}{4}\left(\dfrac{2x}{3} - 10\right) - 10\right\} = 128.$

21. $\dfrac{5}{16+x} \cdot 16 = 2.$ R. 24.

22. $\dfrac{7}{12}x + \dfrac{5}{8}(12 - x) = 6.$ R. 7,2.

23. $4600 - x = 15 \cdot \dfrac{x}{100}.$ R. 4000.

24. $20 \cdot \dfrac{2x}{100} - 50 \cdot \dfrac{x}{100} = 200.$ R. 2000.

25. $4000 - x = 50\left\{100 - \left(\dfrac{x}{40} - 10\right)\right\}.$ R. 2800.

26. $\dfrac{5}{4}x - 40 + \dfrac{65}{100} \cdot \dfrac{80}{100} \cdot x = \dfrac{70}{100}\left(x + \dfrac{80}{100}x\right).$ R. 4000.

27. $25 \cdot \dfrac{2x}{100} - 15 \cdot \dfrac{x}{100} = 600 + 11 \cdot \dfrac{2x + x}{100}.$ R. 50000.

28. $x \cdot 500 - (x + 5) \cdot 200 = 600.$ R. 12.

29. $5 \cdot \dfrac{x}{4} - 4 \cdot \dfrac{x}{5} = 225.$ R. 500.

50. $\dfrac{5}{9} \left\{ x - 4 + \left(\dfrac{2x}{5} + 5 \right) \right\} + 2 = 17.$ R. 20.

$\mathbf{Y'}$. Équations à résoudre.

1. $\dfrac{19 - x}{2} + 15 = 2x + \dfrac{28 - x}{5}.$ R. 7.

2. $7x - \dfrac{5x - 1}{7} = 50 + \dfrac{x + 29}{5}.$ R. 10.

5. $\dfrac{4x - 5}{3} + \dfrac{8x + 7}{5} = \dfrac{5x - 1}{2} + \dfrac{5x + 2}{7}.$ R. 11.

4. $\dfrac{8x + 5}{11} - \dfrac{7x - 4}{10} = \dfrac{6x - 7}{5} - x.$ R. 12.

5. $\dfrac{10x - 9}{11} + \dfrac{5x - 2}{7} = \dfrac{6x + 7}{5} + \dfrac{x - 1}{4}.$ R. 15.

6. $\dfrac{5x}{2} - \dfrac{4x + 1}{3} - \dfrac{x - 2}{6} + \dfrac{x + 5}{11} = x + 1.$ R. 8.

7. $\dfrac{5x + 5}{8} + \dfrac{5 - 4x}{5} + \dfrac{x}{2} = \dfrac{51}{2} - (x + 7).$ R. 9.

8. $\dfrac{x + 4}{7} + 15 - \dfrac{5x + 15}{9} = 4x - \dfrac{11x - 5}{5} - \dfrac{x}{2}.$ R. 10. m

9. $\dfrac{11x - 5}{4} - 4 + \dfrac{4x + 7}{9} = \dfrac{15x + 7}{12} + \dfrac{7x + 1}{6}.$ R. 5.

10. $11 - \dfrac{5x - 15}{10} + \dfrac{12x - 2}{7} = \dfrac{7x + 1}{2} - \dfrac{9x + 1}{5}.$ R. 41.

11. $\dfrac{4x - 11}{6} = \dfrac{7x + 6}{10} - \dfrac{5x + 8}{6} + \dfrac{5x - 1}{4}$. R. 17.

12. $4 + 2x - \dfrac{15x - 3}{5} - \dfrac{20 - 5x}{2} = \dfrac{9x - 2}{15} - \dfrac{5x - 2}{7}$. R. 6.

13. $14 + \dfrac{5x - 5}{4} - \dfrac{7x + 13}{6} - 2x = \dfrac{19 - 9x}{8} - \dfrac{5x - 1}{9}$. R. 11.

14. $\dfrac{5x + 1}{2} - \dfrac{7}{3}(x + 1) = \dfrac{7x + 1}{9} - \dfrac{11x + 5}{6}$. R. 5.

15. $\dfrac{11 - 5x}{36} + 6\dfrac{5}{6} - \dfrac{13 - x}{12} = \dfrac{21 - 2x}{18} + \dfrac{6}{13}(x + 5)$. R. 10.

16. $\dfrac{7x - 9}{2} - \dfrac{10x + 7}{5} = 16 + \dfrac{2}{5}(4 - 5x) + \dfrac{10x + 27}{5}$. R. —17.

17. $\dfrac{7x + 5}{3} + 2x + 6 = \dfrac{4x + 2}{5} + \dfrac{5x + 3}{4} - \dfrac{2x + 1}{5}$. R. — 3.

18. $\dfrac{5 - 7x}{2} + \dfrac{9x + 11}{5} - 50 = \dfrac{4x + 11}{15} + \dfrac{13x + 65}{6}$. R. — 14.

19. $\dfrac{19x + 1}{5} - \dfrac{14x - 13}{3} + 2x = \dfrac{31x + 5}{8} - \dfrac{11x + 5}{4}$. R. — 619.

20. $\dfrac{5x + 4}{3} - \dfrac{7x + 3}{5} = \dfrac{6x - 1}{4} - \dfrac{8x - 11}{6}$. R. $8\dfrac{1}{2}$.

21. $\dfrac{5x + 13}{20} - \dfrac{2}{3}(x - 2) = \dfrac{5x + 5}{4} - \dfrac{4x + 3}{5}$. R. $1\dfrac{1}{28}$.

22. $\dfrac{5x + 3}{2} - \dfrac{5x + 5}{5} = \dfrac{11x}{5} - \dfrac{11}{24} - \dfrac{8x - 15}{5}$. R. $5\dfrac{3}{4}$.

23. $\dfrac{25x + 15}{20} + \dfrac{14x + 5}{5} - \dfrac{15x + 9}{4} - \dfrac{2x - 7}{3} = 0$. R. $5\dfrac{7}{11}$.

24. $\dfrac{5 - 15x}{12} - \dfrac{3 - 7x}{8} - \dfrac{11 - 4x}{6} + \dfrac{5 - 6x}{9} = 0$. R. $-\dfrac{89}{111}$.

25. Prouver qu'en remplaçant, dans une équation, l'inconnue x par $x - 1$, on trouve une nouvelle équation dont l'inconnue surpasse d'une unité l'inconnue de l'équation primitive.

En remplaçant x par $x - 2$, la valeur de la nouvelle inconnue est égale à celle de la première augmentée de 2 unités, etc.

26. Des équations qui précèdent en déduire des nouvelles par l'application de la propriété ci-dessus (25).

27. Prouver qu'en remplaçant, dans une équation x par $x + 1$, la valeur de l'inconnue de la nouvelle équation est égale à celle de la première diminuée d'une unité.

En remplaçant x par $x + 2$, $x + 3$.... la valeur de la nouvelle inconnue est égale à celle de la première diminuée de deux, de trois... unités.

28. Des équations qui précèdent en déduire des nouvelles par l'application de la propriété ci-dessus (27).

Z. *Problèmes à résoudre.*

N. B. 1º Les nᵒˢ de la *litt.* **Y** répondent aux numéros suivants.

2º Ne pas se préoccuper des lettres en caractères italiques qui suivent les nombres dans les énoncés, ni des astérisques.

3º Les nombres qui suivent les énoncés expriment ou la solution du problème, ou la valeur relative à la partie de l'énoncé mise en caractères italiques.

1*. Un nombre est composé de deux chiffres dont la somme est 12 (*a*) en l'augmentant de 54 (*b*) on obtient le nombre renversé; quel est ce nombre? (39.

2*. Un nombre est composé de deux chiffres dont la somme est 15 (*a*); il est autant au-dessus de 75 (*b*) que la moitié de ce nombre renversé est au-dessous de 39 (*c*); quel est ce nombre? (85.

5*. Une personne veut distribuer à des pauvres l'argent qu'elle a sur elle : en donnant à chacun 7 (*a*) centimes, il lui reste 10 (*b*) centimes; et lui manque 20 (*c*) centimes pour pouvoir en donner 9 (*d*) à chaque pauvre; combien y a-t-il de pauvres? (15.

4*. Un père a 4 (*a*) fois l'âge de son fils, celui-ci a 5 (*b*) fois l'*âge* *de sa sœur*; dans 4 (*m*) ans le père aura le double des âges réunis de ses enfants; quel est l'âge de chacun? (5.

5*. Une urne contient 24 (*a*) boules, les unes blanches, les autres noires; pour chaque boule blanche A convient de donner 5 (*b*) fr. à B; B s'engage à donner 4 (*c*) fr. pour chaque boule noire; le compte fait, A doit 21 (*d*) fr.; combien y a-t-il de boules blanches? (15.

6*. Une somme d'une valeur de 1475 fr. se compose de 52 (*m*) fois autant de pièces de 50 centimes que de *pièces de 5 fr.*, et de 50 (*n*) fois autant de pièces de 50 centimes que de pièces d'un franc; de combien de pièces de chaque espèce se compose cette somme? (45.

7. Cinq nombres consécutifs valent ensemble 1015 (*m*); quels sont ces nombres? (201, 202....

8*. Partager 100 (*a*) fr. entre trois personnes de manière que la première ait une part double de celle de la seconde, et que la *part de la troisième* soit le tiers de celle de la seconde. (10.

9. Dans la composition d'un lingot il entre le quart du poids total plus 17 (*a*) livres de cuivre, le cinquième du poids total plus 18 (*b*) livres d'étain et le septième du poids plus 22 (*c*) livres de plomb; quel est le poids du lingot? (140.

10. D'une somme on a pris un cinquième, un sixième et un huitième, elle se trouve ainsi réduite à 61 francs; quelle était cette cette somme? (120.

11. D'une somme on a dépensé la moitié, il en reste encore un quart plus un cinquième et 7 fr.; quelle est cette somme? (140.

12. D'une somme on a dépensé le tiers plus 20 (*a*) fr., il en reste encore la moitié moins 5 (*b*) fr.; quelle est cette somme? (90.

15. Une personne a dépensé le tiers de son argent plus 10 fr.; il lui reste encore la moitié de ce qu'elle avait d'abord, plus l'équivalent du cinquième de sa dépense; on demande quelle somme elle avait? (120.

14. D'une somme on prend la moitié plus un demi franc; du reste on prend la moitié moins un demi franc; il reste alors 10 fr.; quelle est cette somme? (39.

15. Trouver un nombre tel que si on retranche ses trois hui-

tièmes (m n^{mes}) de 20 (a), puis les trois onzièmes (m p^{mes}) du reste, des trois quarts (m q^{mes}) du nombre demandé, 12 (b) fois le second reste fassent la moitié de ce nombre. $\left(6\dfrac{78}{107} \right.$

16. D'une somme on a dépensé le cinquième (m^{me}) et 50 (a) fr.; du reste on a dépensé les deux septièmes (n p^{mes}) et encore 50 (a) fr.; la somme se trouve ainsi réduite à l'équivalent de la moitié de la première dépense plus les cinq sixièmes (b d^{mes}) de la seconde; quelle est cette somme? (500.

17*. Un oncle a partagé 7500 fr. entre trois neveux; au premier il a donné les trois cinquièmes de *ce qu'il a donné au second* et le troisème a reçu un cinquième de la part du second de plus que ce second; quelles sont les trois parts? (2750.

18. Partager 4400 (a) fr. entre trois personnes, de manière que la première reçoive les trois cinquièmes (m n^{mes}) de la part de la seconde et que celle-ci reçoive les trois quarts (m p^{mes}) de *la part de la troisième.* (2000.

19. Un joueur perd à une première partie le septième de son argent; il gagne 6 fr. à une deuxième; perd le quart de ce qu'il a alors à une troisième, gagne encore 10 fr. à une quatrième partie et il se retire avec 12 fr. de gain; combien avait-il avant de se mettre au jeu? (7.

20. A une première partie un joueur perd le tiers de son argent plus 10 fr.; à une deuxième partie il perd le quart de ce qui lui reste moins 10 fr.; à une troisième il gagne l'équivalent des deux cinquièmes de sa première perte et des trois septièmes de sa seconde et se retire avec 128 fr.; combien avait-il en se mettant au jeu? (180.

21. Un lingot contient 11 (a) kilogrammes de plomb et 5 (b) d'étain; combien doit-on y ajouter de plomb pour que 16 (c) kilogrammes du nouvel alliage ne contiennent plus que 2 (d) kilogrammes d'étain? (24.

22. Un lingot contient 5 (a) kilogrammes de plomb et 5 (b) d'étain; *un deuxième* lingot est composé de 7 (c) kilogrammes de plomb et de 5 (d) d'étain; combien de kilogrammes doit-on prendre de chaque lingot pour en composer un troisième de 12 (m) kilogrammes contenant 6 (n) kilogrammes de plomb? (7, 2.

23. A économise annuellement une somme qui équivaut à 15 (*a*) p. %
de ses dépenses; son revenu s'élève à 4600 (*b*) fr.; quel est le montant
de ses dépenses? (4000.

24. En dépensant 70 (*a*) p. % de son revenu, B économise 200 (*b*) fr.
de moins que A dont le revenu est double et qui dépense 80 (*c*) p. % du
sien; quel est le revenu de B ? (2000.

25. Les revenus de A et de B s'élèvent respectivement à 4000 (*a*) et
à 3000 (*b*) fr.; A *dépense* 10 (*c*) de plus p. % que B, et leurs épargnes
sont les mêmes; quelles sont leurs dépenses? (2800.

26. Le revenu de B équivaut à 80 (*a*) p. % de celui de A ; B dépense
65 (*b*) p. % de son revenu, A les trois quarts (*m n^{mes}*) du sien moins
40 (*c*) fr.; de la sorte l'ensemble de leurs dépenses s'élève à 70 (*d*) p. %
de leurs revenus; dites le revenu de A. (4000.

27. Un négociant place dans le commerce deux sommes dont l'une
est double de *l'autre*. Au bout d'un an la première lui rapporte
25 (*a*) p %; sur la deuxième il perd 15 (*b*) p. %; son revenu se compose ainsi de 600 (*c*) fr., plus 11 (*d*) p. % de ses capitaux; quelles
sont les sommes placées? (30000.

28. Un négociant place deux sommes dans le commerce; la première est de 30000 (*a*), la seconde de 20000 (*b*) fr.; au bout d'un
an il gagne 3 (*c*) de plus p. % avec la seconde qu'avec *la première*,
quoique celle-ci lui procure 600 (*d*) fr. de plus que l'autre; quels sont
les bénéfices? (12 p. %.

29*. Deux sommes placées l'une à 4 (*a*) p. % l'autre à 5 (*b*) p. %
donnent *le même intérêt*, en les plaçant l'une au taux de l'autre la
première produirait 225 (*c*) fr. de plus que la seconde; quelles sont
ces sommes? (500.

30*. On a de l'eau dans deux vases; le *premier* en contient 4 (*a*) litres
de plus que le second. On verse du premier dans le second les deux
cinquièmes de ce qu'il contient plus 3 (*b*) litres, puis du second dans
le premier les quatre neuvièmes de son contenu, moins 2 (*c*) litres : de
la sorte il ne reste plus que 17 (*d*) litres dans le second; combien d'eau
ces vases contenaient-ils d'abord? (20.

Z'. *Problèmes à résoudre.*

1. Une somme a été partagée entre quatre personnes; la première en a reçu la moitié; la seconde le quart; la troisième qui a reçu la septième partie de la somme des deux premières parts a eu 100 fr. de moins que la quatrième; quelle est la somme partagée? (2800.

2. On a partagé 1500 (*a*) fr. entre 125 (*m*) personnes, hommes et femmes; chaque homme a reçu 15 (*b*) fr., chaque femme 10 (*c*) fr.; combien y avait-il d'hommes? (50.

3. Partager 8970 (*m*) fr. entre 12 (*a*) hommes, 25 (*b*) femmes et 18 (*c*) enfants, de manière qu'un homme reçoive autant que 2 (*n*) femmes, et que 5 (*e*) enfants reçoivent autant que 3 (*f*) femmes. (Part d'un enfant, 90 fr.

4. Deux négociants veulent acheter en commun une partie de marchandises; le premier ne peut fournir que les deux cinquièmes (*m n^{mes}*) du prix d'achat, le second n'en peut fournir que le tiers (*p q^{mes}*); de telle sorte qu'il leur manque encore 800 (*a*) fr.; quel est ce prix d'achat? (5000.

5. Le numérateur et le dénominateur d'une fraction valent ensemble 62 (*a*); si l'on augmente le numérateur de 254 (*b*) en même temps qu'on diminue le dénominateur de 8 (*c*), la valeur de la nouvelle fraction est égale à la première renversée; quelle est cette fraction? $\left(\dfrac{9}{53}\right)$.

6*. On a acheté trois objets A, B et C; l'objet A coûte 50,70 (*a*) fr.; le prix de B forme les deux tiers (*m n^{mes}*) des deux autres prix d'achat; le prix du *troisième* objet est égal aux quatre septièmes (*p q^{mes}*) du prix d'achat de A et B; que coûtent les trois objets? (78.

7. A vient au marché avec un sac de pommes; il en vend d'abord le tiers (un *m^{me}*) plus 3 (*a*) pommes; puis le tiers (un *m^{me}*) du reste et encore 3 (*a*) pommes, et ainsi de suite. Après 5 (*p*) opérations il reste encore 63 (*b*) pommes; combien y en avait-il d'abord? (485.

8. Quatre points A, B, C et D se trouvent sur une même ligne droite;

les distances AB et CD mesurent 10^m,6 (*a*) et 5^m,5 (*b*); le rapport entre AC et BD étant comme 8 à 5 (*m* à *n*), quelle est la distance BC? (5^m.

9. A et B ont respectivement 67 (*m*) ans et 7 (*n*) ans; dans combien de temps l'âge de A vaudra-t-il 5 (*p*) fois l'âge de B? (8.

10*. On a du drap de deux espèces, en tout 500 (*a*) mètres; en vendant *la qualité inférieure* à 5 (*m*) fr. le mètre et la qualité supérieure à 9,50 (*n*) on reçoit 75 (*b*) fr. de moins que si on vendait le tout à un prix moyen de 6 (*p*) fr. le mètre. Combien y a-t-il de mètres de chaque espèce? (250.

11*. Les nombres de mètres contenus dans quatre pièces de drap sont entre eux comme 2 (*a*), 3 (*b*), 6 (*c*) et 7 (*d*); on en vend respectivement 5 (*m*), 7 (*n*), 13 (*p*) et 14 (*q*) mètres; de la sorte le nombre des mètres non vendus est à celui des mètres qu'il y avait d'abord comme 5 (*r*) à 6 (*s*); combien y avait-il de mètres de chaque espèce? (13 de la 1re.

12*. B a 52,70 (*b*) fr. de plus que A; il dépense le neuvième (un *m*^{me}) de son argent et A le douzième (un *n*^{me}) du sien; il se trouve alors qu'ensemble ils ont un cinquième (un *p*^{me}) de plus que la somme qu'avait d'abord B; combien avaient-ils chacun? (B, 144.

13*. On a deux mélanges des substances A et B; pour le premier mélange les poids de ces substances sont entre eux comme 4 : 7 (*m* : *n*); ils se trouvent dans la proportion de 13 à 19 (*p* à *q*) dans le second mélange; combien de grammes doit-on prendre de chaque mélange pour en composer un nouveau de 260 (*k*) grammes contenant A et B dans le rapport de 5 à 8 (*a* : *b*)? (de A, 250.

14. Un corps C dont le poids spécifique est égal à 8 (*a*) est composé de deux corps A et B, dont les poids spécifiques sont respectivement égaux à 10 (*b*) et à 7 (*c*); combien, dans 3000 (*p*) grammes du corps C, y a-t-il de grammes de A? (125.

15. A 1000 (*p*) grammes d'un corps A dont le poids spécifique est égal à 16 (*a*), on ajoute un poids suffisant d'un corps B dont le poids spécifique est 12,821 (*b*), pour que le poids spécifique du mélange devienne égal à 14,071 (*c*); quel est le poids ajouté? (2037^g,89795.

16. A, B et C se sont partagé de la manière suivante une certaine somme : A a reçu 110 (*a*) fr. et les deux cinquièmes (*m n^{mes}*) de la part de C; B a reçu autant que A plus une somme égale au tiers (aux *p q^{mos}*) de la part de C; *la part de* C de son côté est inférieure à celle de B d'un quart (des *u v^{mes}*) de la part de A; quelle est la somme partagée? (225.

17. Les parts de A et de B dans le partage d'une certaine somme sont entre elles comme 5 à 9; si le partage avait eu lieu en rapport inverse A *aurait eu* 88 (*a*) fr. de plus que B; quelle est la somme partagée entre eux? (Part de A, 110 fr.

18. Une somme a été partagée entre A, B et C; A a reçu 116 (*a*) fr. de plus que le cinquième (les *m n^{mos}*) de la somme; B a reçu 86 (*b*) fr. de plus que le quart (les *p q^{mes}*) du reste; le nouveau reste qui est échu à C est inférieur de 15 (*c*) fr. au tiers (aux *u v^{mos}*) de toute la somme; quelle est-elle? (600.

19. Un père en mourant laisse trois enfants avec une somme qu'ils doivent se partager comme suit : le premier doit recevoir 275 (*a*) fr. et un sixième (un *n^{me}*) du reste; le second 550 (2*a*) et un sixième (un *n^{me}*) du reste; au troisième revient ce qui restera après qu'on aura retranché les deux premières parts; par ce partage le troisième enfant a reçu 4000 (*b*) fr.; quelle était la somme à partager? (6365.

20. Trois personnes doivent se partager 7840 (*a*) fr. de manière que quand la première reçoit 8 (*m*) fr. la seconde en reçoive 5 (*n*) et que quand la seconde reçoit 6 (*p*) fr., *la troisième* en reçoive 4 (*q*); comment effectuer ce partage? (1600.

21. Les deux cinquièmes (*m n^{mes}*) d'un capital ont donné un intérêt annuel de 15 (*a*) p. %; le tiers (la *p^{me}* partie) a rapporté 9 (*b*) p. %; sur le reste on a éprouvé une perte de 5 (*c*) p. %; de cette manière le capital a donné 888 (*d*) fr. d'intérêt total; quel est ce capital? (12000.

22. B doit payer une somme dans 15 (*a*) mois; il convient de s'acquitter de sa dette en trois payements comme suit; il payera 800 (*m*) fr. dans 6 (*b*) mois; 900 (*n*) fr. 5 (*c*) mois plus tard et le reste 7 (*d*) mois après; quel est le montant de la dette? (5300.

23. C doit payer 4800 (*a*) fr. dans 15 (*m*) mois. Il paye aujourd'hui 500 (*b*) fr. et convient de s'acquitter du reste de sa dette en 7 (*n*) payements égaux; quel doit être l'intervalle entre ces payements? (5.

24. D doit payer 1000 (a) fr. dans 22 (m) mois; il convient de payer cette somme par dixièmes (n^{mes}), à des intervalles égaux; quand aura lieu le premier payement? (dans 4 mois.

25. Deux ouvriers ont fait un ouvrage en commun, *le premier* y a travaillé pendant 30 (a) jours à raison de 10 (m) heures par jour; le second y a employé 40 (b) journées de 9 (n) heures. Ils ont gagné à ce travail 198 fr.; comment partager cette somme? (90.

26. A et B s'associent dans une entreprise; ils mettent ensemble 10800 (a) fr. Lors du partage des bénéfices A reçoit en tout 4968 (b) et B 6696 (c) fr.; quelles sont les deux mises? (A, 4600.

27. A et B se sont engagés dans une opération commerciale; A 8 (m) mois plus tôt que B; l'ensemble de leurs mises s'élève à 6400 (s) fr. : 11 (n) mois après l'entrée de B, s'opère la dissolution; A reçoit en tout 5285 (a) fr. et B 5587 (b) fr.; quels ont été les gains? (A, 285.

28. Trois personnes A, B et C déposent une certaine somme pour un commerce : B dépose le tiers en sus de A; C dépose 400 fr. de moins que A et B ensemble. Le gain est de 576,20 fr. sur lequel C reçoit 176,70 fr.; quelle est la mise de chacun? (de A, 1500.

29. Dans une entreprise commerciale, C donne 2500 (c) fr. et A 600 (a) fr. de moins que B. A laisse sa mise 4 (m) mois, B, 3 (n) et C 5 (p) mois; le gain s'élève à 219,60 (g) fr., sur lequel B reçoit 67,71 (s) fr.; quelle est la mise de B? (5700.

50. Un bassin est alimenté par trois fontaines. La première peut le remplir seule en $1\frac{1}{3}$ (m) heures, la seconde en $3\frac{1}{3}$ (n) et la troisième en 5^4 (p). En combien de temps le bassin sera-t-il rempli les trois fontaines coulant ensemble? (48 minutes.

51. A peut faire une pièce d'étoffe en 35 heures; B peut la faire en 42 heures, et C fait, en 7 heures, 2 mètres de plus que B; travaillant tous les trois ensemble ils ont mis 12 heures à confectionner la pièce; quelle en est la longueur? (40.

52. Un négociant doit les sommes suivantes : 500 fr. payables dans 2 mois; 700 fr. payables dans 9 mois et 1500 fr. payables dans 5 ans;

il paye aujourd'hui 1000 fr. Combien doit-il payer dans un an pour s'acquitter de toute sa dette, l'intérêt étant compté à 5 p. %?

33. Un négociant doit payer dans 16 mois une somme de 8000 fr.; il convient de payer cinq sommes de 1600 fr. de deux en deux mois : quand aura-t-il à faire le premier payement si le taux d'intérêt est de 4 p. %?

54. A et B entreprennent chacun de leur côté un commerce avec le même capital. La première année A gagne 400 fr., B au contraire en perd 400; la seconde année A perd le tiers de son avoir, B gagne 400 fr. de moins que le double de la perte de A et possède de cette manière le double de A; avec quel capital ont-ils commencé? (5200.

55. Une montre marque 8 (h) heures 50 (m) minutes; dans combien de temps l'aiguille des minutes sera-t-elle sur celle des heures? Dans combien de temps sera-t-elle à angle droit sur l'aiguille des heures? Dans combien de temps sera-t-elle sur le prolongement de l'aiguille des heures?

56. Les aiguilles des heures, des minutes et des secondes d'un cadran marquent toutes trois 12; après combien de temps l'aiguille des secondes divisera-t-elle en deux parties égales l'angle formé par les deux autres? Après combien de temps divisera-t-elle de même : 1° l'angle formé par l'aiguille des heures et le prolongement de l'aiguille des minutes; 2° l'angle formé par l'aiguille des minutes et le prolongement de celle des heures? $\left(\dfrac{1440'}{1427}, \dfrac{1080'}{1417}, \dfrac{560'}{1427} \right.$

DEUXIÈME SECTION.

PROBLÈMES A PLUSIEURS INCONNUES.

A. *Mettre en équation.*

1° Les problèmes 1 à 15 de la *litt.* **H** (1re section).
2° Les problèmes des *litt.* **Z** et **Z′** marqués d'un astérisque.

OPÉRATIONS FONDAMENTALES SUR DES QUANTITÉS ALGÉBRIQUES RENFERMANT
DEUX OU PLUSIEURS INCONNUES.

Quantités entières.

N. B. — Tableau des quantités qui, conformément à ce qui a été dit à la
litt. **E** (première section) peuvent entrer dans les calculs indiqués ci-dessous :

	A.	B.	C.	D.	E.
1.	$5x$	$5y$	$x-1$	$y-2$	$x+y-1$
2.	$2x$	$5z$	$x-y$	$y-2x$	$x+z+1$
3.	$6z$	$5x$	$2x-3$	$4y-5$	$2x-5y+2$
4.	$2x+2$	$5x+2$	$4x-5y$	$8y-7x$	$x+2y+5z$
5.	$x+y$	$x+y$	$2x-7y$	$2y-7x$	$x-y-z$
6.	$2x+y$	$y+2x$	$x-9y$	$4x-8y$	$5x+y-6z$
7.	$x+2z$	$2y+z$	$5z-2y$	$5x-2z$	$4z-2x+5y$
8.	$8x+9y$	$9x+8y$	$8y-8x$	$7x-9y$	$4x-5z-8y$
9.	$5x+2z$	$5y+4x$	$5z-2x$	$4y-z$	$7x+2y+2$
10.	$4y+2z$	$5y+5z$	$4z-5y$	$8x-5z$	$5x-2z+5$
11.	$4+5z$	$5x+4$	$7y-5z$	$10z-8$	$2z-5+2y$
12.	$z+5$	$z+5y$	$5z-5y$	$4z-4x$	$2z+7-5x$

B. Additions.

1. 2A, 2C, 2E, 5B, 5D, 5E, 4A, 4C. 4E.

2. A + C, B + C, A + E, E + C, B + 2C, 2A + D, 2C + E.

3. 2B + E, A + 2E, A + C + E, 2A + C + E, 2A + 2C + E.

4. 2B + 5E, 2D + 5E, A + D + E, 2A + B + 2E, A + B + C + D + E.

N. B. On vérifiera les résultats en donnant aux quantités littérales des valeurs numériques.

C. Soustractions.

1. A — B, A — C, C — D, 2A — C, 2D — B, A — 2C, D — 2B.

2. A — E, E — B, D — E, E — C, 2A — E, B — 2E, E — 2A.

D. Additions et soustractions.

1. A + C — D, D — C — B, D + A — C, E — B — C, B — E — C.

2. 2D — 2E, 2E — 2A, 2B + E — C, 2E — B — C, 2C — E + A.

3. 2D + 5E — 2C, A — B + C — D + E, A — B — C + D — E.

4. A — (B + E), A — {B — (C + E)}, 2A — {2B — (2E — D)}.

E. Multiplications.

1. A.5, C.4, E.2, 2A.5, 2C.4, 2E.6, 5A.4.

2. (A + D).5, (B + E).2, (C — E).3, (2A — E).4, (2E — B).5.

F. Opérations combinées.

1. A.5 + E.5, C.2 + B.5, D.5 + C.5, A.8 + E.5.

2. A.4 — B.5, D.5 — C.5, B.5 — C.4, E.6 — D.4.

3. A.2 + B.5 — C.4,   C.2 + D.5 — B.4,   E.2 — A.5 — D.2.

4. (A + C.5).2,   (2C — E.4)3,   5E.4,   4C.5,   5B.6.

5. (A + E).2 — (D — E).5 + (A — C).4 — (E — A + D).5.

6. (2A + B.2 — E).2 — (E.4 — 2D + A.2).5 + 2B — C.5.

G. *Divisions.*

1. $\dfrac{2x + 6y}{2}$, $\dfrac{5z — 10x}{5}$, $\dfrac{12x + 6y + 18z — 24}{6}$.

2. $\dfrac{100 + 16z + 20x — 4y}{4}$, $\dfrac{50x — 45y + 60x — 90}{15}$.

5. $\dfrac{12(2x + 5y) — 9(7z — 4)}{5}$, $\dfrac{16x + 12(y — 2z) — (4 — x)}{4}$.

4. $\dfrac{1}{5}(20x — 15x)$, $\dfrac{1}{5}6x — 9y + 12z$), $\dfrac{1}{4}\Big\{6x — 2(x + 2z)\Big\}$.

Quantités fractionnaires.

N. B. Tableau des quantités qui peuvent entrer dans les calculs indiqués ci-dessus *litt.* **H**.

A′	B′	C′	D′	E′
2	$\dfrac{2}{3}$	$\dfrac{y}{2}$	$\dfrac{5}{4}$	$\dfrac{2}{z}$
$\dfrac{x}{5}$	$\dfrac{5x}{4}$	$\dfrac{x}{5}$	$\dfrac{y}{2}$	$\dfrac{2z}{5}$
$\dfrac{2x + 1}{4}$	$\dfrac{5y + 5}{6}$	$\dfrac{4x — 7}{5}$	$\dfrac{5 — 5y}{4}$	$\dfrac{5z + 4}{5}$
$\dfrac{5x}{7} + 2$	$7 + \dfrac{5y}{8}$	$5 — \dfrac{4x}{9}$	$\dfrac{8y}{9} — 10$	$\dfrac{7z}{8} + 1$
$\dfrac{5x + 2y}{4}$	$\dfrac{8x + 5y}{6}$	$\dfrac{2y — 4z}{5}$	$\dfrac{4x — 5z}{5}$	$\dfrac{x + y + z}{4}$

$$\frac{5y}{6} + 5x \qquad \frac{7x}{8} + 4y \qquad 5x - \frac{4y}{5} \qquad 5y - \frac{4x}{3} \qquad \frac{x + 2y}{4} + 5z$$

$$\frac{2y}{5} + \frac{5x}{8} \qquad \frac{4x}{7} + \frac{2y}{3} \qquad \frac{5x}{4} - \frac{7z}{12} \qquad \frac{5z}{10} - \frac{5y}{6} \qquad \frac{2x + 5y - 4z}{9}$$

$$\frac{8x}{5} + \frac{4}{3} \qquad \frac{5y}{7} + \frac{8}{9} \qquad \frac{7x}{6} - \frac{2}{5} \qquad \frac{5}{8} - \frac{4y}{5} \qquad 12 - \frac{7y + 5z}{8}$$

$$\frac{5}{5}\left(x + \frac{2}{5}y \right) \quad \frac{5}{8}\left(\frac{3x}{5} + \frac{2y}{7} \right) \quad \frac{5}{4}\left(\frac{5}{5}y - \frac{2x}{5} \right) \quad \frac{4}{9}\left(\frac{6}{7}z - \frac{5y}{8} \right) \quad \frac{2x}{5} + \frac{5y}{7} - \frac{5z}{4}$$

H. *Additions, soustractions, multiplications.*

Accentuer les lettres des *litt.* **B, C, D, E, F** et appliquer le tableau ci-dessus.

I. *Divisions et fractions de fractions.*

1. Diviser par 2, 3, 4.... les quantités inscrites dans le tableau ci-dessus page 30.

2. $A' \cdot \dfrac{2}{5}$, $B' \cdot \dfrac{4}{5}$, $C' \cdot \dfrac{5}{4}$, $D' \cdot \dfrac{5}{8}$, $E' \cdot \dfrac{2}{8}$, $2A' \cdot \dfrac{2}{5}$, $2B' \cdot \dfrac{5}{5}$.

3. $A' \cdot \dfrac{5}{4} + C'$, $B' \cdot \dfrac{2}{5} + E' \cdot \dfrac{4}{7}$, $C' \cdot \dfrac{5}{5} + D'$, $A' \cdot \dfrac{7}{10} + E' \cdot \dfrac{5}{6}$.

4. $B' \cdot \dfrac{2}{5} - D' \cdot \dfrac{4}{5}$, $C' \cdot \dfrac{2}{9} - E'$, $E' \cdot \dfrac{5}{8} - A' \cdot \dfrac{5}{6}$, $D' \cdot \dfrac{5}{8} - C' \cdot \dfrac{5}{7}$.

K. *Equations à composer.*

Les nombres inscrits dans les quatre dernières colonnes du tableau suivant sont les valeurs respectives des quantités inscrites dans les quatre premières colonnes; elles répondent à $x = 5$, $y = 8$.

Les équations doivent être composées avec ces quantités. On les indiquera d'abord par les lettres A, B... A', B'... affectées d'indices servant à les distinguer. Chaque lettre employée devra entrer deux fois avec le même indice, une fois accentuée et une fois non accentuée, et avec le même signe ou avec des signes contraires suivant qu'on les emploie dans des membres différents ou dans le même membre.

Exemples : $A_5 = A'_5$; $B'_{10} - C_{17} = B_{10} - C'_{17}$;

     $A_7 - B'_{11} + B_{11} = A'_7$; $D_8 - C'_5 + A_{18} - D'_8 = A'_{18} - C_5$.

On remplacera ensuite ces lettres par les quantités qu'elles représentent.

A.	B.	C.	D.	A'.	B'.	C'.	D
$x + 2$	$4(x - 3)$	$5(x + y)$	$4(y - x)$	7	8	39	1
$4(y + 3)$	$12(y - 4)$	$7(3x + y)$	$6(3x - y)$	44	48	161	4
$5(3 + x)$	$7(8 - x)$	$4(5x + y)$	$8(4x - y)$	24	21	132	9
$2(7 + y)$	$16(9 - y)$	$5(x + 3y)$	$5(x - 2y)$	50	16	145	5
$5(2x + 3)$	$5(3y - 8)$	$6(x + 7y)$	$5(3y - x)$	65	80	366	5
$6(3y + 4)$	$4(2x - 3)$	$4(2x + 5y)$	$5(5x - 2y)$	168	28	200	4
$7(5 + 3x)$	$5(7 - 2y)$	$3(7x + 2y)$	$6(8x - 5y)$	140	$\overline{27}$	155	(
$8(6 + 5y)$	$8(5 - 2x)$	$8(3x + 4y)$	$9(4y - 5x)$	368	$\overline{40}$	376	6
$9\left(\dfrac{x}{5} + 2\right)$	$4\left(\dfrac{y}{8} - 3\right)$	$5\left(\dfrac{x}{2} + \dfrac{y}{3}\right)$	$3\left(\dfrac{2x}{3} - \dfrac{2y}{7}\right)$	27	$\overline{8}$	$25\dfrac{5}{6}$	3
$\dfrac{2}{7}(4x + 1)$	$\dfrac{5}{9}(7y + 16)$	$\dfrac{3}{7}\left(\dfrac{x}{5} + \dfrac{y}{4}\right)$	$\dfrac{5}{8}(6y - 7x)$	6	40	$1\dfrac{4}{7}$	8
$\dfrac{3}{4}\left(\dfrac{1}{5}x + 3\right)$	$\dfrac{5}{6}\left(\dfrac{4x}{7} - 2\right)$	$\dfrac{5}{3}\left(\dfrac{x}{4} + \dfrac{y}{5}\right)$	$\dfrac{5}{3}\left(\dfrac{4x}{5} - \dfrac{y}{8}\right)$	5	$\dfrac{5}{7}$	$4\dfrac{5}{4}$	
$\dfrac{2}{5}\left(\dfrac{1}{2}y + 1\right)$	$\dfrac{5}{4}\left(\dfrac{1}{2}y - \dfrac{2}{3}\right)$	$\dfrac{5}{4}\left(\dfrac{x}{5} + \dfrac{y}{6}\right)$	$\dfrac{5}{2}\left(\dfrac{y}{2} - \dfrac{x}{3}\right)$	$3\dfrac{1}{5}$	$2\dfrac{1}{2}$	$1\dfrac{5}{4}$	5
$\dfrac{2}{5}\left(4 + \dfrac{x}{3}\right)$	$\dfrac{2}{3}\left(4 - \dfrac{5x}{5}\right)$	$\dfrac{5}{6}\left(\dfrac{2x}{3} + \dfrac{3y}{4}\right)$	$\dfrac{4}{3}\left(\dfrac{2y}{3} - \dfrac{5x}{4}\right)$	$3\dfrac{7}{9}$	$\dfrac{2}{3}$	$7\dfrac{7}{9}$	$\dfrac{1}{5}$
$\dfrac{4}{5}\left(7 + \dfrac{y}{6}\right)$	$\dfrac{5}{8}\left(7 - \dfrac{5y}{4}\right)$	$\dfrac{2}{5}\left(\dfrac{3x}{4} + \dfrac{4y}{5}\right)$	$\dfrac{5}{6}\left(\dfrac{5y}{4} - \dfrac{4x}{5}\right)$	$6\dfrac{2}{5}$	$\dfrac{5}{8}$	$6\dfrac{23}{50}$	1
$\dfrac{3}{5}\left(\dfrac{1}{3}x + \dfrac{1}{4}\right)$	$\dfrac{12}{13}\left(\dfrac{5x}{9} - \dfrac{1}{4}\right)$	$\dfrac{5}{8}\left(\dfrac{4x}{5} + \dfrac{5y}{6}\right)$	$\dfrac{5}{7}\left(\dfrac{4y}{5} - \dfrac{5x}{6}\right)$	$\dfrac{23}{20}$	$2\dfrac{1}{5}$	4	$\dfrac{6}{7}$
$\dfrac{5}{7}\left(\dfrac{5y}{4} + \dfrac{1}{8}\right)$	$\dfrac{10}{5}\left(\dfrac{5y}{8} - \dfrac{2}{5}\right)$	$\dfrac{3}{8}\left(\dfrac{5y}{8} + \dfrac{x}{3}\right)$	$\dfrac{4}{7}\left(\dfrac{y}{8} - \dfrac{x}{5}\right)$	$4\dfrac{4}{5}$	$8\dfrac{2}{3}$	$2\dfrac{1}{2}$	(
$\dfrac{5}{8}\left(\dfrac{9y}{7} + \dfrac{5}{3}\right)$	$\dfrac{8}{11}\left(\dfrac{7x}{5} - \dfrac{1}{8}\right)$	$\dfrac{5}{9}\left(\dfrac{x}{3} + \dfrac{5y}{4}\right)$	$\dfrac{5}{5}\left(\dfrac{3x}{2} - \dfrac{y}{3}\right)$	$6\dfrac{2}{3}$	5	$4\dfrac{7}{27}$	2
$\dfrac{3}{8}\left(\dfrac{5}{6} + \dfrac{5x}{3}\right)$	$\dfrac{15}{8}\left(\dfrac{5y}{8} - \dfrac{4}{5}\right)$	$\dfrac{4}{5}\left(\dfrac{x}{4} + \dfrac{4y}{7}\right)$	$\dfrac{7}{6}\left(\dfrac{4x}{7} - \dfrac{y}{4}\right)$	$\dfrac{25}{16}$	9	$4\dfrac{25}{33}$	

L. *Équations à deux inconnues* (2me série).

N. B. Chaque numéro de 1 à 8 offrant six équations satisfaites par une même valeur de x et une même valeur de y, on peut combiner ces équations deux à deux de diverses manières et augmenter ainsi le nombre des exercices.

1.
1) $\begin{cases} 3x + 7y = 54 \\ 10x + 9y = 94. \end{cases}$ 2) $\begin{cases} 6x + 15y = 102 \\ 8x - 5y = 2. \end{cases}$ 3) $\begin{cases} 15y - 7x = 62 \\ 12x - 7y = 6. \end{cases}$ R. 4. 6.

2.
1) $\begin{cases} 5x + \dfrac{1}{2}y = 130 \\ 7y + 4x = 236. \end{cases}$ 2) $\begin{cases} 10x - \dfrac{4}{5}y = 224 \\ 7x + 8y = 528. \end{cases}$ 3) $\begin{cases} \dfrac{5x}{8} - \dfrac{7y}{10} = 1 \\ 10y - 5x = 128. \end{cases}$ R. 24. 20.

3.
1) $\begin{cases} \dfrac{5}{12}x + 5y = 215 \\ \dfrac{4}{7}x + 5y = 348. \end{cases}$ 2) $\begin{cases} 3x + \dfrac{5y}{12} = 277 \\ \dfrac{5}{7}x + 11y = 720. \end{cases}$ 3) $\begin{cases} 5x - \dfrac{7y}{50} = 406. \\ 5y - \dfrac{4x}{21} = 284. \end{cases}$ R. 84. 60.

4.
1) $\begin{cases} \dfrac{5}{7}x + \dfrac{2}{5}y = 420 \\ \dfrac{3}{4}x + \dfrac{2}{5}y = 551. \end{cases}$ 2) $\begin{cases} \dfrac{3}{4}x - \dfrac{2}{5}y = 111 \\ \dfrac{6x}{11} + \dfrac{y}{10} = 198. \end{cases}$ 3) $\begin{cases} \dfrac{9x}{11} - \dfrac{4y}{5} = 12 \\ \dfrac{8x}{7} - \dfrac{y}{5} = 252. \end{cases}$ R. 508. 500.

5.
1) $\begin{cases} \dfrac{1}{x} + \dfrac{1}{y} = \dfrac{9}{20} \\ \dfrac{4}{x} - \dfrac{5}{y} = \dfrac{2}{5}. \end{cases}$ 2) $\begin{cases} \dfrac{8}{x} + 1 = \dfrac{15}{y} \\ \dfrac{12}{x} - 2 = \dfrac{5}{y}. \end{cases}$ 3) $\begin{cases} \dfrac{17}{3x} - \dfrac{15}{4y} = \dfrac{2}{5} \\ \dfrac{19}{2y} - \dfrac{18}{5x} = 1. \end{cases}$ R. 4. 5.

6.
1) $\begin{cases} \dfrac{x - y}{x + y} = \dfrac{1}{3} \\ 2x + 5y = 90. \end{cases}$ 2) $\begin{cases} \dfrac{7x - 5y}{2x + 5y} = \dfrac{9}{7} \\ 5x - 2y = 80. \end{cases}$ 3) $\begin{cases} \dfrac{4x - 3y}{6x - 5y} = \dfrac{5}{7} \\ 10x - 7y = 150. \end{cases}$ R. 20. 10.

7.
1) $\begin{cases} \dfrac{2x+1}{2x+y} = \dfrac{9}{16} \\[2mm] \dfrac{3x+1}{3x+y} = \dfrac{67}{102} \end{cases}$
2) $\begin{cases} \dfrac{3x-2}{3x+2y} = \dfrac{32}{69} \\[2mm] \dfrac{4y-5}{4y+3x} = \dfrac{47}{70} \end{cases}$
3) $\begin{cases} \dfrac{4x+5y}{5x-4} = \dfrac{154}{55} \\[2mm] \dfrac{5x+6y}{5y-6} = \dfrac{165}{87} \end{cases}$ R. 22. / 36.

8.
1) $\begin{cases} \dfrac{\frac{1}{7}y-\frac{1}{9}x}{\frac{1}{8}x+1\frac{1}{4}} = \dfrac{7}{8} \\[3mm] \dfrac{\frac{1}{6}y+5}{\frac{1}{6}x+2} = \dfrac{11}{6} \end{cases}$
2) $\begin{cases} \dfrac{\frac{3}{4}y-\frac{2}{5}x}{4y-35} = \dfrac{5}{20} \\[3mm] \dfrac{\frac{11}{18}x-\frac{1}{7}y}{\frac{11}{13}y+5} = \dfrac{1}{4} \end{cases}$
3) $\begin{cases} \dfrac{y-x-4}{\frac{1}{6}x+\frac{1}{7}y} = \dfrac{5}{2} \\[3mm] \dfrac{\frac{1}{9}x+6}{\frac{5}{6}x-\frac{3}{7}y} = 2 \end{cases}$ R. 54. / 91.

9.
1) $\begin{cases} \dfrac{3x+1}{17} + \dfrac{5y+5}{4} = 24 \\[3mm] 7y + \dfrac{5x+2}{7} = 124 \end{cases}$
2) $\begin{cases} \dfrac{8x-5}{5} + \dfrac{5y-4}{9} = 26 \\[3mm] 6y + \dfrac{5x-1}{8} = 106 \end{cases}$ R. 11. / 17.

10.
1) $\begin{cases} 10x + \dfrac{\frac{1}{3}y-4}{7} = 149\frac{6}{7} \\[3mm] 7y - \dfrac{\frac{1}{3}x+y}{7} = 61 \end{cases}$
2) $\begin{cases} 7 \cdot \dfrac{4y+3}{15} = \dfrac{2x+5}{11} + 18 \\[3mm] 5\left(\dfrac{x+1}{8}\right) - y = \dfrac{x-y}{6} \end{cases}$ R. 15. / 9.

11.
1) $\begin{cases} 12x - \dfrac{5y-1}{4\frac{1}{2}} = 10 \\[3mm] \dfrac{\frac{2}{3}x-\frac{1}{4}y}{1\frac{1}{6}} + \dfrac{x}{2} = \dfrac{9}{14} \end{cases}$
2) $\begin{cases} 10x - 7\left(\dfrac{\frac{1}{2}y-x}{7\frac{1}{3}}\right) = 5y \\[3mm] 9y + \dfrac{2\frac{1}{2}-\frac{2}{3}y}{1\frac{1}{6}} = 19 \end{cases}$ R. 1. / 2.

12. $\begin{cases} \dfrac{x+4}{5} - \dfrac{5-y}{2} = \dfrac{37+x}{12} - \dfrac{2y+1}{4} + \dfrac{x-4}{5} \\[3mm] \dfrac{y+2}{5} = \dfrac{x-1}{3} - \dfrac{2x-5y+1}{55} + \dfrac{y-5}{8} \end{cases}$ R 4. / 5.

15.
$$\begin{cases} \dfrac{3x-5}{7} - \dfrac{7y-2}{18} = 1 - \dfrac{4+y}{5} + \dfrac{5x-y}{6} \\[3mm] 5y = \dfrac{13y-19}{2} - \dfrac{26-2y}{5} + x - 15. \end{cases}$$

R. 4.

7.

14.
$$\begin{cases} \dfrac{1+6x}{5} - x + \dfrac{1}{4}y = 5y - 4x + 1 \\[3mm] \dfrac{7y-11}{2} + \dfrac{8x-5}{6} = 9y - 10x. \end{cases}$$

R. $1\dfrac{1}{2}$.

2.

15.
$$\begin{cases} \dfrac{x-9}{5} - \dfrac{13-y}{3} = \dfrac{2y-x-6}{8} + \dfrac{x-14}{10} \\[3mm] \dfrac{2y+4}{5} - \dfrac{x+y}{8} = \dfrac{4x-1}{11} + 8\left(\dfrac{y-10}{7}\right). \end{cases}$$

R. 14.

10.

16.
$$\begin{cases} \dfrac{15x+y+10}{25} - \dfrac{y-10}{15} = \dfrac{15x-y+25}{20} \\[3mm] \dfrac{4x+7}{5} - \dfrac{y-5x-65}{10} = \dfrac{3}{5}y - 2x. \end{cases}$$

R. 5.

40.

17.
$$\begin{cases} 4x + \dfrac{9+x}{4} = 5 + 2y + \dfrac{9x+5}{16} \\[3mm] 5y - \dfrac{5x-1}{4} = 2x + \dfrac{x+y+5}{5}. \end{cases}$$

R. 5.

4.

18.
$$\begin{cases} \dfrac{x-y+1}{4} - \dfrac{2y+5}{5} = \dfrac{x-9y-51}{24} \\[3mm] \dfrac{x+1}{2} - \dfrac{4y-11}{5} = \dfrac{9y-2x}{12} + 5. \end{cases}$$

R. 33.

14.

19.
$$\begin{cases} \dfrac{15x+2y}{9} - \dfrac{1+9x}{7} - \dfrac{1}{5} = \dfrac{5}{3}y - 2(x+1) & \text{R. 5.} \\[3mm] \dfrac{5y-22x}{12} - 2x = \dfrac{5y-6x}{7} - y - 5. & \text{6.} \end{cases}$$

20.
$$\begin{cases} \dfrac{3x}{20} + \dfrac{\frac{4}{5}x+5y}{5} = 14+4y - \dfrac{5y+\frac{3}{5}x}{17} & \text{R. 40.} \\[3mm] \dfrac{3}{2}\left(\dfrac{1}{5}x - 4y+1\right) - \dfrac{8y+\frac{1}{8}x}{18} = \dfrac{7-x}{11} - \dfrac{5}{3}(y-4). & \text{2.} \end{cases}$$

21.
$$\begin{cases} \dfrac{\frac{1}{5}x+\frac{1}{7}y+2}{11} - \dfrac{\frac{1}{10}x+\frac{1}{55}y-1}{7} = \dfrac{\frac{1}{4}x-\frac{1}{5}y}{8}+1 & \text{R. 140} \\[3mm] \dfrac{1}{9}\left(\dfrac{4}{55}y - \dfrac{1}{4}x - 5\right) - \dfrac{1}{4}\left(31 - \dfrac{5}{55}y\right)+4 = \dfrac{1}{5}\left(\dfrac{1}{5}x - \dfrac{1}{7}y-13\right). & \text{175.} \end{cases}$$

22.
$$\begin{cases} \dfrac{8x+21y}{9} - \dfrac{14(2x+y)}{25} = \dfrac{4(3x-7y)}{5} & \text{R. 54.} \\[3mm] 7\left(\dfrac{4x-5y}{20}\right) - \dfrac{7y}{12} - 44 = \dfrac{20x-21y}{8} - \dfrac{4x-1}{5} - \dfrac{55y}{18}. & 20\frac{4}{7}. \end{cases}$$

23.
$$\begin{cases} \dfrac{5x-y+4}{7} + \dfrac{4y-5x}{9} = \dfrac{5x+4y}{5} - 2 & \text{R. } 1\frac{76}{109}. \\[3mm] \dfrac{2y-7x}{2} + \dfrac{21-x}{5} = \dfrac{50y-41}{12}. & 3\frac{48}{109}. \end{cases}$$

N. B. On appliquera aux équations précédentes et à celles qui suivent les nos 25 et 27, page 19, pour en déduire de nouveaux systèmes d'équations.

On appliquera, dans le même but, la propriété suivante : *en remplaçant, dans un système d'équations, une inconnue par un de ses multiples, la nouvelle valeur de cette inconnue est égale à sa valeur primitive divisée par le nombre qui exprime ce multiple.* — Énoncer et appliquer la réciproque.

M. *Équations à plus de deux inconnues (1re série).*

N. B. Remarque analogue à celle de la *litt.* **L.**

1.
$$^1\begin{cases} x + y = 18 \\ y + z = 14 \\ x + z = 16. \end{cases} \qquad ^2\begin{cases} x - y = 2 \\ y - z = 2 \\ x + z = 16. \end{cases} \qquad ^3\begin{cases} 2x - y = 12 \\ 2y - z = 10 \\ 2z - x = 2. \end{cases} \qquad \begin{matrix} \text{R. 10.} \\ 8. \\ 6. \end{matrix}$$

2.
$$^1\begin{cases} 3x + y = 40 \\ 4y + z = 31 \\ 5z + x = 26. \end{cases} \qquad ^2\begin{cases} 3x - y = 26 \\ 4y - z = 25 \\ 5z - x = 4. \end{cases} \qquad ^3\begin{cases} 3x - 2y = 19 \\ 4y - 3z = 19 \\ 5z + 29 = 4x. \end{cases} \qquad \begin{matrix} \text{R. 11.} \\ 7. \\ 3. \end{matrix}$$

3.
$$^1\begin{cases} 7x + 4y = 105 \\ 6y + 5z = 100 \\ 7z + 6x = 110. \end{cases} \qquad ^2\begin{cases} 3x + 5y = 77 \\ 7y + 2z = 86 \\ 8z - 5x = 19. \end{cases} \qquad ^3\begin{cases} 4x + 7y = 106 \\ 8y - 5z = 40 \\ 3x = 7z - 29. \end{cases} \qquad \begin{matrix} \text{R. 9.} \\ 10. \\ 8. \end{matrix}$$

4.
$$^1\begin{cases} \dfrac{x}{2} + 3y = 142 \\[2mm] \dfrac{y}{5} + 4z = 248 \\[2mm] \dfrac{z}{4} + 5x = 720 \end{cases} \quad ^2\begin{cases} \dfrac{x}{2} + 2\dfrac{y}{3} = 86 \\[2mm] 2z - 3\dfrac{y}{4} = 102 \\[2mm] 5\dfrac{z}{6} + \dfrac{x}{7} = 70. \end{cases} \quad ^3\begin{cases} 2\dfrac{x}{5} + 3\dfrac{y}{4} = 74 \\[2mm] 3\dfrac{y}{8} - \dfrac{z}{5} = 3 \\[2mm] 3\dfrac{x}{4} - 5\dfrac{z}{6} = 55. \end{cases} \quad \begin{matrix} \text{R. 140.} \\ 24. \\ 60. \end{matrix}$$

5.
$$^1\begin{cases} \dfrac{1}{x} + \dfrac{1}{y} = 5,6 \\[2mm] \dfrac{1}{y} + \dfrac{1}{z} = 5,9 \\[2mm] \dfrac{1}{z} + \dfrac{1}{x} = 2,5. \end{cases} \quad ^2\begin{cases} \dfrac{2}{x} + \dfrac{3}{y} = 13,7 \\[2mm] \dfrac{4}{y} - \dfrac{5}{z} = 11 \\[2mm] \dfrac{6}{z} + \dfrac{7}{x} = 16,1. \end{cases} \quad ^3\begin{cases} \dfrac{20}{3x} = \dfrac{11}{4y} - \dfrac{121}{24} \\[2mm] \dfrac{15}{3y} - \dfrac{7}{4z} = 9,25 \\[2mm] \dfrac{8}{3z} - \dfrac{11}{3x} = \dfrac{197}{150}. \end{cases} \quad \begin{matrix} \text{R.} \dfrac{10}{11}. \\[2mm] \dfrac{2}{9}. \\[2mm] \dfrac{5}{7}. \end{matrix}$$

$$^1 \begin{cases} \dfrac{x}{y+z} = \dfrac{4}{11} \\[2mm] \dfrac{y}{x+z} = \dfrac{1}{2} \\[2mm] \dfrac{z}{x+10} = \dfrac{2}{5} \end{cases} \quad ^2 \begin{cases} \dfrac{2y+x}{1+2z} = \dfrac{28}{25} \\[2mm] \dfrac{2x+z}{1+2y} = \dfrac{4}{5} \\[2mm] \dfrac{2z+y}{1+2x} = \dfrac{32}{17} \end{cases} \quad ^3 \begin{cases} \dfrac{x+y}{z+1} = \dfrac{18}{13} \\[2mm] \dfrac{x+z}{y+2} = \dfrac{5}{3} \\[2mm] \dfrac{y+z}{x+3} = 2. \end{cases}$$

6.

R. 8.

10.

12.

$$^1 \begin{cases} \dfrac{\frac{1}{2}x + \frac{1}{3}y}{2z+5} = \dfrac{16}{15} \\[2mm] \dfrac{\frac{1}{2}y + \frac{1}{3}z}{2x+5} = \dfrac{8}{49} \\[2mm] \dfrac{\frac{1}{2}z + \frac{1}{3}x}{2y+5} = \dfrac{11}{25} \end{cases} \quad ^2 \begin{cases} \dfrac{\frac{5}{4}x - \frac{4}{5}y}{\frac{5}{4}z + \frac{4}{5}} = \dfrac{420}{233} \\[2mm] \dfrac{\frac{5}{4}x - \frac{4}{5}z}{\frac{5}{4}y + \frac{4}{5}} = \dfrac{550}{229} \\[2mm] \dfrac{\frac{5}{4}y - \frac{4}{5}z}{\frac{5}{4}x + \frac{4}{5}} = \dfrac{105}{454} \end{cases} \quad ^3 \begin{cases} \dfrac{x + \frac{1}{2}y}{100 - \frac{1}{2}z} = \dfrac{30}{17} \\[2mm] \dfrac{x + \frac{1}{3}y}{100 - \frac{1}{3}z} = \dfrac{14}{9} \\[2mm] \dfrac{x + \frac{1}{4}y}{100 - \frac{1}{4}z} = \dfrac{54}{37}. \end{cases}$$

7.

R. 120.

60.

30.

N. *Équations à plus de deux inconnues* (2me série).

N. B. Les numéros suivants et les numéros correspondants de la *litt.* précédente, offrent des équations satisfaites par les mêmes valeurs des inconnues ; on peut en déduire pour chaque numéro plusieurs autres systèmes de trois équations par les combinaisons suivantes :

1° Une équation de la *litt.* **N** et deux de la *litt.* **M** ;
2° Deux équations de la *litt.* **N** et une de la *litt.* **M** ;
3° Trois équations quelconques de la *litt.* **N**.
4° Des combinaisons indiquées *litt.* **I** n° 2 appliquées aux 5 premiers numéros de **M** et de **N**.

1. $\begin{cases} x+y+z=24 \\ x+y-z=12 \\ x-y+z=8 \end{cases}$ $\quad \begin{matrix} 3x+2y+z=52 \\ 3y+2z+x=46 \\ 3z+2x+y=46 \end{matrix} \quad \begin{matrix} 2x+3(y-z)=26 \\ 2y+3(x-z)=28 \\ 2z+3(x-y)=16. \end{matrix}$

2. $\begin{cases} 6x+5y-4z=89 \\ 6y+5z-4x=13 \\ 6z+5x-4y=45 \end{cases}$ $\quad \begin{matrix} 8x-5y+3z=62 \\ 7y-3x-2z=22 \\ 9z+5x-5y=47 \end{matrix} \quad \begin{matrix} 10y+7x-15z=102 \\ 12x-9y-7z=48 \\ 12z+x-8y=-9. \end{matrix}$

$$3.\ \begin{cases} x + \dfrac{1}{5}(y+z) = 15 \\[2mm] y + \dfrac{1}{5}(x+z) = 15\dfrac{2}{3} \\[2mm] z + \dfrac{1}{5}(x+y) = 14\dfrac{1}{5} \end{cases} \quad \begin{aligned} &2x + \dfrac{1}{2}(3y+z) = 57 \\[2mm] &5x + \dfrac{1}{3}(4y+z) = 43 \\[2mm] &4x + \dfrac{1}{4}(3y+z) = 50\dfrac{1}{2} \end{aligned} \quad \begin{aligned} &\dfrac{2}{3}x + \dfrac{5}{4}\left(2y + \dfrac{1}{2}z\right) = 24 \\[2mm] &\dfrac{2}{5}y + \dfrac{5}{4}\left(2x + \dfrac{1}{4}z\right) = 21\dfrac{2}{3} \\[2mm] &\dfrac{2}{3}z + \dfrac{5}{4}\left(2x + \dfrac{1}{2}y\right) = 22\dfrac{7}{12}. \end{aligned}$$

$$4.\ \begin{cases} \dfrac{1}{2}x + \dfrac{1}{3}y + \dfrac{1}{4}z = 93 \\[2mm] \dfrac{2}{5}x - \dfrac{5}{4}y + \dfrac{5}{6}z = 88 \\[2mm] \dfrac{5}{7}x + \dfrac{5}{8}y - \dfrac{2}{5}z = 51 \end{cases} \quad \begin{aligned} &\dfrac{5x}{14} + 7y - \dfrac{4z}{15} = 182 \\[2mm] &5x - \dfrac{7y}{12} - \dfrac{11z}{15} = 642 \\[2mm] &\dfrac{3}{4}x + \dfrac{2}{5}y + 5z = 501 \end{aligned} \quad \begin{aligned} &\dfrac{3x}{4} - \dfrac{2y+z}{3} = 69 \\[2mm] &\dfrac{4y}{5} + 95{,}8 = \dfrac{3z+2x}{4} \\[2mm] &\dfrac{5z}{6} = \dfrac{4x+5y}{5} - 126{,}4. \end{aligned}$$

$$5.\ \begin{cases} \dfrac{1}{x} + \dfrac{1}{y} + \dfrac{1}{z} = 7 \\[2mm] \dfrac{1}{x} - \dfrac{1}{y} + \dfrac{1}{z} = -2 \\[2mm] \dfrac{1}{x} + \dfrac{1}{y} - \dfrac{1}{z} = 4{,}2 \end{cases} \quad \begin{aligned} &\dfrac{2}{x} + \dfrac{3}{y} - \dfrac{8}{z} = 4{,}5 \\[2mm] &\dfrac{4}{y} - \dfrac{5}{z} + \dfrac{9}{x} = 20{,}9 \\[2mm] &\dfrac{6}{z} + \dfrac{7}{x} + \dfrac{10}{y} = 61{,}1 \end{aligned} \quad \begin{aligned} &\dfrac{4}{x} + \dfrac{1}{2}\left(\dfrac{1}{3y} + \dfrac{4}{z}\right) = 5{,}85 \\[2mm] &\dfrac{5}{y} + \dfrac{1}{5}\left(\dfrac{2}{x} + \dfrac{1}{7z}\right) = 14{,}5 \\[2mm] &\dfrac{2}{z} + \dfrac{1}{4}\left(\dfrac{1}{5x} + \dfrac{4}{y}\right) = 3{,}98 \end{aligned}$$

$$6.\ \begin{cases} \dfrac{x+y+z}{x+2y+5z} = \dfrac{15}{32} \\[3mm] \dfrac{x-y+z}{x-2y+5z} = \dfrac{5}{12} \\[3mm] \dfrac{x+y-2}{x+2y-4} = \dfrac{2}{5} \end{cases} \quad \begin{aligned} &\dfrac{x + \frac{1}{2}y + \frac{1}{4}z}{\frac{1}{4}x + \frac{1}{2}y + z} = \dfrac{16}{19} \\[3mm] &\dfrac{2x + \frac{3}{5}y + \frac{3}{8}z}{\frac{3}{8}x + \frac{5}{5}y + 2z} = \dfrac{55}{66} \\[3mm] &\dfrac{2x + 5y - 6}{2z + 5y - 4} = \dfrac{6}{7} \end{aligned} \quad \begin{aligned} &\dfrac{2 + \frac{1}{5}\left(\frac{1}{2}y + \frac{4}{3}z\right)}{x + \frac{1}{5}\left(\frac{1}{2}y + \frac{4}{3}z\right)} = \dfrac{19}{49} \\[3mm] &\dfrac{5 + \frac{1}{4}\left(\frac{1}{2}z + \frac{5}{8}x\right)}{y + \frac{1}{4}\left(\frac{1}{3}z + \frac{5}{8}x\right)} = \dfrac{54}{73} \\[3mm] &\dfrac{4 + \frac{1}{5}\left(\frac{1}{2}x + \frac{4}{5}y\right)}{z + \frac{1}{5}\left(\frac{1}{2}x + \frac{4}{5}y\right)} = \dfrac{29}{65}. \end{aligned}$$

$$\begin{cases} \dfrac{x + \frac{1}{2}(y+z)}{\frac{1}{2}x + \frac{1}{3}(y+z)} = \dfrac{11}{6} \\[2ex] \dfrac{y + \frac{1}{2}(x+z)}{\frac{1}{2}y + \frac{1}{3}(x+z)} = \dfrac{27}{16} \\[2ex] \dfrac{z + \frac{1}{2}(x+y)}{15 + \frac{1}{3}(x+y)} = \dfrac{8}{5} \end{cases} \quad \begin{array}{l} \dfrac{\frac{3}{4}(y+2z) - \frac{2}{5}x}{\frac{5}{2}x - \frac{4}{3}(y-2z)} = 0{,}29 \\[2ex] \dfrac{\frac{3}{4}(z+2x) - \frac{2}{5}y}{\frac{5}{2}y - \frac{4}{3}(z-2x)} = \dfrac{357}{860} \\[2ex] \dfrac{\frac{3}{4}(x+2y) - 12}{\frac{5}{2}z - \frac{4}{3}(x-2y)} = \dfrac{56}{25} \end{array} \quad \begin{array}{l} \dfrac{\frac{1}{3}(4x-5y) + \frac{2}{5}z}{\frac{2}{5}(4x+5y) - \frac{1}{3}z} = \dfrac{56}{127} \\[2ex] \dfrac{\frac{1}{3}(5x-4z) + \frac{2}{5}y}{\frac{2}{5}(4z+3x) - \frac{1}{3}y} = \dfrac{26}{43} \\[2ex] \dfrac{\frac{1}{3}(4y-5z) + 48}{\frac{2}{5}(4y+5z) - \frac{1}{3}x} = \dfrac{49}{46}. \end{array}$$

N. B. Ne pas négliger la note de la page 36.

$$\begin{array}{l} -y + z = 9 \\ -z + v = 12 \\ -v + x = 11 \\ -x + y = 10. \end{array} \quad 2\begin{cases} x + 2(y+z+v) = 26 \\ y + 3(x+z+v) = 36 \\ z + 4(x+y+v) = 44 \\ v + 5(x+y+z) = 50. \end{cases} \quad 3\begin{cases} 2(x+y) + 3(z-v) = 7 \\ 3(y+z) + 4(v-x) = 33 \\ 4(z+v) + 5(x-y) = 31 \\ 5(v+x) + 6(y-z) = 29. \end{cases} \quad \begin{array}{l} v = \\ x = \\ y = \\ z = \end{array}$$

$$\begin{array}{l} \frac{2}{3}(y+z+v) = 10 \\[1ex] +\frac{3}{4}(x+z+v) = 14\frac{1}{4} \\[1ex] +\frac{4}{5}(x+y+v) = 23 \\[1ex] +\frac{5}{6}(x+y+z) = 27{,}5 \end{array} \quad 2\begin{cases} 4x + \frac{3}{7}(3y-2z) = 8\frac{3}{7} \\[1ex] 5y + \frac{4}{9}(4z-3v) = 15\frac{4}{9} \\[1ex] 6z + \frac{5}{11}(5v-4x) = 51\frac{8}{11} \\[1ex] 7v + \frac{6}{13}(6x-5y) = 53\frac{8}{13} \end{cases} \quad 3\begin{cases} \frac{1}{2}x + \frac{1}{3}y + \frac{1}{4}z = 3 \\[1ex] \dfrac{z+v}{y} = 5 \\[1ex] \dfrac{y+z}{x+v} = 1 \\[1ex] \dfrac{y+v}{x+z} = \frac{4}{5}. \end{cases} \quad \begin{array}{l} v = \\ x = \\ y = \\ z = \end{array}$$

$$\begin{array}{l} +y + z : u+v+x :: 3 : 5 \\[1ex] +y + z + u : 2y + 2z + 3u + 4v = 2 : 7 \\[1ex] +z - (v+y-x) : u+x+z-(v-y) = 1 : 2 \\[1ex] \dfrac{+\frac{1}{3}z}{-\frac{1}{2}x} = 2, \qquad \dfrac{\frac{1}{6}v - \frac{1}{3}y}{\frac{1}{4}x + \frac{1}{6}u + \frac{1}{8}z} = \dfrac{72}{265}. \end{array} \qquad \begin{array}{l} u = 25, \quad v = 3 \\ x = 2 \\ y = 1 \\ z = 1 \end{array}$$

O. *Résoudre les problèmes suivants.*

1. Le quadruple de la somme de deux nombres surpasse de 18 le quintuple du plus grand de ces deux nombres; *le plus petit* augmenté de 5 vaut le quadruple de leur différence; quels sont ces nombres ? (7.

2. Un nombre composé de deux chiffres est avec la somme de ces chiffres dans le rapport de 4 (*m*) à 1 (*n*); en ajoutant 36 (*p*) à ce nombre, on a le nombre renversé; quel est-il ? (48.

3. Le double d'un nombre de deux chiffres surpasse de 9 le nombre renversé; la moitié vaut le double de la somme des deux chiffres; quel est ce nombre? (36.

4. La somme de deux nombres divisée par leur différence donne 2 (*m*) pour quotient et 6 (*n*) pour reste; en diminuant *le plus grand* de 6 (*a*) et en augmentant d'autant le plus petit les résultats sont entre eux comme 4 (*p*) est à 3 (*q*); quels sont ces deux nombres? (30.

5. On a de l'argent dans deux bourses; si de la première on prend 2,45 fr. pour les mettre dans la seconde, il y aura dans la seconde une valeur 7 fois plus grande que dans la première; si au contraire on met dans la première 3,35 fr. pris *dans la seconde*, celle-ci contiendra trois fois la somme renfermée alors dans la première; combien y a-t-il dans chaque bourse? (38,15.

6. Deux urnes A et B contiennent l'une 40 (*m*) l'autre 50 (*n*) boules parmi lesquelles des blanches et des noires; C et D conviennent entre eux que C donnera à D 4 (*a*) fr. pour chaque boule noire de l'urne A et 3 (*b*) fr. pour chaque boule noire de l'urne B, tandis qu'il recevra de D 5 (*c*) fr. pour chaque boule blanche de A et 2 (*d*) fr. pour chaque blanche de B; vérification faite D perd 52 (*p*) fr. à ce jeu; il en aurait gagné 18 (*q*) si les conditions appliquées à l'urne A l'avaient été à B et réciproquement; combien de boules blanches y a-t-il dans chaque urne? (28 et 18.

7. On a de l'argent contenu dans deux bourses; avec ce que contient la première on double le contenu de la seconde; puis avec l'argent de la seconde on double celui qui se trouve encore dans la

6

première : les deux bourses contiennent alors 700 fr. et 110 fr. ; combien contenaient-elles d'abord? (La 1ʳᵉ 580, la seconde 250.

8. On a de l'argent dans deux bourses. En ajoutant à l'argent de la première les deux tiers (m nᵐᵉˢ) de la seconde, ou à celle-ci les trois cinquièmes du contenu de la première on obtient la même somme, de 72 (a) fr. Combien y a-t-il dans chaque bourse? (40 et 48.

9. On a payé une somme de 203 (m) fr. avec 55 (n) pièces, dont les unes étaient de 5 (a) et les autres de 2 (b) fr. Combien a-t-on donné de pièces de chaque espèce? (31 et 24.

10. Deux sommes placées à 5 (m) p. °/₀ donnent ensemble un intérêt annuel de 550 (a) fr. ; en diminuant de 25 centimes le taux de la première et en augmentant d'autant celui de la seconde, le revenu serait augmenté de 2,50 (b) fr. Quelles sont ces sommes? (5000 et 6000.

11. Deux sommes, l'une de 5000 (a) l'autre de 6000 (b) fr., placées à des taux différents, rapportent annuellement ensemble 525 (m) fr. ; en plaçant la première au taux de la seconde et celle-ci au taux de la première, le revenu serait diminué de 5 (n) fr. ; à quels taux les deux sommes sont-elles placées? (4,5 et 5.

12. Trouver deux nombres tels que leur différence et leur quotient fassent chacun 7. (8 ¹/₆ et 1 ¹/₆.

13. Trouver deux nombres qui soient entre eux comme leur somme est à 20 (m) ou comme leur différence est à 4 (n)? (18 et 12.

14. On a des jetons dans les deux mains, en tout un nombre 28 (a) ; on en prend 7 (b) de la main gauche et 5 (c) de la main droite ; la droite en contient alors 5 (m) fois autant que la gauche ; combien avait-on de jetons dans chaque main? (19 et 9.

15. Il y a 6 (n) ans, un père avait 3 (m) fois l'âge de son fils ; dans 6 (p) ans il en aura le double ; quel est l'âge de chacun? (42, 18.

16. Un marchand a payé 412 (a) fr. pour 12 (m) hectolitres de froment et 10 (n) hectolitres de seigle ; huit jours auparavant il avait payé au même cours 418 (b) fr. pour 10 (m') hectolitres de froment

et 13 (n') hectolitres de seigle; quel était le prix d'un hectolitre de froment? (24.

17. Un marchand a payé 846 (a) fr. pour 23 (m) hectolitres de froment et 20 (n) hect. de seigle. Un mois auparavant, alors que le prix du froment était plus élevé de 2,25 p. %, et celui du seigle de 1,50 p. %, il avait payé 950,93 fr. pour 30 (m') hect. de froment et 16 (n') hect. de seigle; quels sont les prix actuels de ces deux espèces de céréales? (22 et 17.

18. On a de l'avoine dans deux tonneaux A et B; du tonneau A on verse dans le second autant d'avoine que celui-ci en contient; puis à l'aide du contenu de B on double ce qui est resté dans A, et on répète la même opération en versant de A dans B autant que B en contient encore; A contient alors 20 (m) litres et B 128 (n) litres; que contenaient-ils d'abord? (95 et 53.

19. Deux tonneaux A et B contiennent de l'avoine. Du premier on ôte 10 litres, du second on enlève le tiers de son contenu, puis on verse du tonneau A dans B autant d'avoine qu'il en est resté dans ce dernier, et de celui-ci dans A les trois quarts de ce que contient encore A; ils contiennent de cette manière chacun 84 (n) litres; combien en contenaient-ils d'abord? (118 et 90.

20. Trois vases A, B et C contiennent ensemble 166 (m) litres d'eau. Du premier on verse dans B et C autant d'eau qu'ils en contiennent chacun; on effectue la même opération en versant du vase B de l'eau dans A et C et puis de C dans A et B; A contient de cette manière 56 (n) litres et C autant que A d'abord; combien en contenaient-ils au commencement de l'opération? (90, 44 et 32.

21. On a deux mélanges de froment et de seigle; le premier sur 50 (m) litres en contient 32 (n) de froment; le second sur 65 (p) litres contient 40 litres de seigle; combien doit-on prendre de litres de chaque mélange pour en former un troisième de 38 (a) litres contenant 21 hect. de froment? (25 et 13.

22. Trois vases A, B et C contiennent ensemble 150 (m) litres d'eau. On prend la moitié de ce que contient A, et on la partage entre B et C de manière à en donner le tiers à B; de ce que contient alors B, on prend les trois cinquièmes, on en verse le tiers dans A

et le reste dans C; de ce que contient C, on prend enfin les quatre septièmes et on en verse les trois huitièmes dans B et le reste dans A; A contient alors 4 litres de plus qu'au commencement et C quatre litres de moins; que contenaient d'abord les trois vases?

23. On a quatre lingots A, B, C et D qui contiennent:

A 5^k de cuivre   5 de plomb   2 d'étain
B 4^k de cuivre   4 de plomb   2 de zinc
C 5^k de cuivre   5 d'étain   4 de zinc
D 4^k d'étain   5 de plomb   5 de zinc;

combien doit-on prendre de chacun de ces lingots pour en former un 5me de 10^k, dans lequel l'étain et le zinc l'emportent respectivement de 5 hectogrammes sur le cuivre et le plomb, et qui contient un hectogramme de plomb de plus que de cuivre? (1, 2, 3, 4 kilog.

24. On a deux lingots aux titres 0,720 et 0,880; en fesant un alliage du tiers du premier et des trois quarts du second, le titre serait 0,7776; les trois quarts du premier moins un kilogramme unis à la moitié du second donneraient un alliage au titre 0,750; combien pèsent ces lingots? ($4^k,8$ et $1^k,2$.

25. Trois lingots A, B et C sont au titre de 0,750, 0,800 et 0,900; le tiers de A donnerait avec B et 6 hectogrammes de C un alliage au titre 0,804; le lingot A uni à $1^k,8$ de B et au quart de C donnerait un alliage au titre 0,792; les deux premiers unis à 2^k de C fourniraient un alliage au titre 0,810; combien pèsent ces lingots? ($2^k,4$, $5^k,6$ et $5^k,2$.

26. Un capitaliste a placé deux capitaux A et B de la manière suivante: le quart de A et les trois cinquièmes de B à 4,25 p. %, puis le reste du premier à 5,50 et celui du second à 5,75; le premier placement a produit au bout de 6 ans 2040 fr. d'intérêt, les deux restes ont donné ensemble au bout de 5 ans 2800 fr.; quels sont ces capitaux? (8000 — 10000.

27. Un capitaliste place deux capitaux; le *premier* à 4,50 p. %, le second à 5; il en retire au bout d'un an 978 fr. d'intérêt; il augmente alors le premier capital d'un cinquième, et le second de 240 fr. et les taux d'intérêt chacun de 25 centimes, son revenu s'élève alors à 1156,50 fr.; quels sont les deux capitaux? (1200.

28. Trois neveux sont appelés par le testament de leur oncle à partager une somme de 56350 fr. de telle sorte qu'en plaçant leurs parts à intérêt simple à 4 p. %, ils aient la même somme à l'âge de 21 ans; l'un a 10 ans, le second 12 et le troisième $16\frac{3}{4}$; comment effectuer ce partage? (11050, 11700 et 13600.

29. Un capitaliste s'est engagé à prêter 12000 fr. à 5 p. %; il a deux capitaux placés l'un à 5,50 l'autre à 4,75 p. %; combien doit-il prendre de chacun d'eux pour fournir le capital promis sans gain ni perte? (4000 et 8000.

30. Deux fontaines fournissent de l'eau à un bassin; on sait que l'eau fournie par les deux fontaines coulant ensemble pendant deux heures et par la première coulant ensuite seule pendant trois heures, remplit la moitié du bassin; le bassin serait rempli aux huit quinzièmes si après avoir laissé les deux fontaines ouvertes pendant trois heures, on laissait la seconde seule ouverte pendant encore une heure; en combien de temps le bassin serait-il rempli par les deux fontaines coulant ensemble? *N. B.* Prendre pour inconnues les temps nécessaires à chaque fontaine pour remplir seule le bassin. (15 et 12.

31. Deux corps distants de 210^m se meuvent d'une manière uniforme l'un vers l'autre et se rencontrent au bout de 7 minutes; en mouvement l'un derrière l'autre, dans le sens de celui qui se meut le moins vite, celui-ci aurait été atteint par l'autre au bout de 35 minutes; quelles distances parcourent-ils par minute? (18 et 12.

32. Deux courriers qui suivent la même route ont quitté la ville B, le premier deux heures avant l'autre; 2^h après le départ du second, leur distance est de 10 heures; 3^h plus tard elle n'est plus que de 5 heures; combien font-ils par heure et quand se rencontrent-ils?

33. Deux courriers A et B doivent quitter les villes C et D distantes de 111^k, pour aller à la rencontre l'un de l'autre; si A part 2 heures avant B, la rencontre se fera à 36 kilomètres de D; si B part 2 heures avant A la rencontre se fera à $48\frac{1}{5}$ kilomètres de A; combien font-ils par heure et où se ferait la rencontre s'ils partaient en même temps en augmentant chacun leur vitesse d'un cinquième? (15 et 12.

34. On a de l'eau dans trois vases A, B et C; avec le contenu du premier on double ce que contiennent les deux autres ; puis du second on verse dans les deux autres les deux tiers de ce qu'ils contiennent respectivement, et du troisième on verse dans A et B les trois cinquièmes moins 4 litres de leur contenu ; de la sorte les vases A, B et C renferment respectivement 36, 44 et 25 litres ; que contenaient-ils d'abord ? 60, 30 et 15.

55. On a trois sommes A, B et C ; de la première on prend pour en augmenter les deux autres 17 p. °/₀ de leur valeur ; de la seconde on prend ensuite, pour augmenter A et C, 22 p. °/₀ de leur valeur actuelle ; puis avec C on augmente A et B de leur tiers ; de la sorte les trois sommes valent respectivement 3791,76 fr., 3069,60 fr. et 2158,64 fr. ; que valaient-elles d'abord ? (3300, 3000 et 2700 fr.

56. Trois personnes A, B et C, jouent au vingt-un ; A fait d'abord le banquier, B met le tiers de son argent et gagne, C met le quart du sien et perd. B fesant ensuite le banquier, A met les deux cinquièmes de son argent et C les deux tiers du sien, ils gagnent tous les deux ; C tenant ensuite la banque, A met le tiers de son argent plus 50 centimes et B autant que A moins le quart de son argent, A perd et B gagne ; de cette manière A, B et C se trouvent avoir respectivement 13,50 fr., 12 et 51,50 fr. ; qu'avaient-ils en se mettant au jeu ? (15, 18 et 24 fr.

TROISIÈME SECTION.

CALCUL DES QUANTITÉS LITTÉRALES.

A. *Analyser la composition des expressions suivantes.*

1. $a \times b$, $a.b.c$, $abcd$, $abc.d$, $ab.cd$, $a.bcd$.

2. $2ab$, $3a.bc$, $4ab.c$; a^2, a^4, ab^2, a^4b^3, a^3b^2c.

3. $(ab)^2$, $(a^4b)^3$, $(a^2b)^3c$, $(a^2b^3c)^2$, $a^2(b^3c)^2$; $2a^3$, $(2a)^3$.

4. $4a^3b^2$, $(4a)^3b^2$, $4(a^3b)^2$; a^m, $2a^m$, $4a^mb^n$, $5a^{m-n}b^p$.

5. $-a$, $-5a$, $-2ab$, $-3a^2b$, $-a^m$, $-a^mb^n$, $-ma^xb^y$.

6. $(-a).b$, $a.(-b)$, $(-a).(-b)$, $(-a)^2$, $(-3a)^3$, $-a^3.(-b^2)^4.c^2$

7. $a + bc$, $(a+b)c$; $a-b^2$, $(a-b)^2$; $abc + d^3$, $ab(c+d)^3$.

8. $a + bc - d$, $(a+b)c - d$, $a + b(c-d)$, $(a+b)(c-d)$.

9. $a - b^2c + d^2$, $(a-b^2)(c+d^2)$, $(a-b)^2(c+d)^2$, $a - b^2(c+d)^2$.

10. $(a+b)^3$, $(a+b)^m$, $(a-b)^4$, $(a-b)^n$, $(a^m)^n$, $(-a^m)^n$, $-a^{mn}$.

11. $a:b$, $ab:c$, $a:bc$ $(a:b):c$, $a:(b:c)$, $(a:b):c$, $a:b^2$, $(a:b)^2$.

12. $\dfrac{a}{b}$, $\dfrac{ab}{c}$, $\dfrac{a}{bc}$, $\dfrac{a}{b}:c$, $\dfrac{a}{b:c}$, $\dfrac{a}{b}.c$, $\dfrac{a}{b^2}$, $\dfrac{a^2}{b}$, $\left(\dfrac{a}{b}\right)^2$.

13. $-a^2:b^2$, $(-a^2)^2:b^2$; $a^3:(-b^2)$, $a^3:(-b)^3$; $-a^3:(-b)^3$,
$(-a)^3:(-b^3)$.

14. $\dfrac{-a}{b}$, $-\dfrac{2a}{b}$, $\dfrac{3a}{-4b}$, $\dfrac{-5a}{-7b}$; $\dfrac{a^m}{b^m}$, $\dfrac{a^m b^n}{mc^p}$, $\dfrac{pa^m}{nc^p}\cdot b^n$, $\left(\dfrac{a}{c^p}\right)^m\cdot pb^n$.

15. $\dfrac{a+b}{c}$, $\dfrac{a+b}{a-b}$, $\dfrac{2a^2+b^2}{3a^2-b^2}$; $\dfrac{a+b}{c}\cdot\dfrac{a-b}{c+d}$, $\dfrac{a^2-3b^2}{2a^3+b^3}:\dfrac{a^4-4}{a^2b^2}$.

16. $a^2+2ab+b^2$, $a^5-7a^4b+5a^3b^2-6a^2b^3+10ab^4-2b^5$.

17. $\sqrt{a}$; $\sqrt{ab}$, $3\sqrt{a}$, $m\sqrt{a^2}$, $a\sqrt{x^3+y^2}$, $5\sqrt{x^2-3xy+y^2}$.

18. $(x+y)^2 = x^2+2xy+y^2$; $(x-y)^2 = x^2-2xy+y^2$.

B. *Expressions algébriques à former.*

1° Exprimer algébriquement.

1. Que le carré de la somme $x+y$ est égal à la somme des carrés des deux termes, plus le double produit des mêmes termes.

2. Que le carré de la différence $x-y$ est égal à la somme des carrés des deux termes moins le double produit des mêmes termes.

3. Que la somme des carrés des termes x et y est égale :
1° Au carré de la somme de ces deux termes diminué de leur double produit.
2° Au carré de la différence des deux termes augmenté de leur double produit.

4. Que le produit de la somme de deux termes x et y multipliée par leur différence est égal à la différence des carrés de ces deux termes.

5. Que la différence des carrés de deux termes x et y est égale au produit de la somme de ces termes multipliée par leur différence.

6. Que la somme des carrés de deux termes x et y est plus grande que le double produit de ces deux termes.

7. Que le produit de deux quantités x et y est plus petit que le carré de leur demi-somme.

8. Que le produit de deux quantités x et y est égal au carré de leur demi-somme diminué du carré de leur demi-différence.

9. Que la somme des nombres x et y est égale à $2s$ et leur différence $2m$; que la somme des nombres u et z vaut aussi $2s$ et que leur différence est égale à $2n$; que la première différence est moindre que la seconde et que par conséquent le produit des deux premiers nombres est plus grand que celui des deux autres.

10. Que la somme des cubes des nombres x et y est égale à la somme de ces deux nombres multiplié par la somme de leurs carrés diminuée de leur produit.

11. Que la différence des cubes de deux nombres x et y est égale à la différence de ces deux nombres multipliée par la somme de leurs carrés augmentée de leur produit.

12. Que la somme des carrés des n nombres entiers consécutifs 1, 2, 3.... jusqu'à n est plus grande que le tiers du cube du dernier et plus petite que le tiers du cube du nombre entier immédiatement supérieur au dernier.

N. B. On vérifiera ces différentes propriétés en donnant des valeurs numériques aux quantités littérales qui entrent dans les énoncés.

2º Mettre en équation en remplaçant les valeurs numériques par les quantités littérales qui les suivent immédiatement dans les énoncés.

1. Les problèmes de la *litt.* **Z** (1ʳᵉ section).

2. Les problèmes de la *litt.* **Z'** (1ʳᵉ section).

3. Les problèmes de la *litt.* **O** (2ᵐᵉ section).

B'. Trouver les valeurs numériques des différentes expressions contenues dans les numéros de la *litt.* **A** page 47, en donnant aux lettres des valeurs numériques : 1º entières, 2º fractionnaires.

OPÉRATIONS ALGÉBRIQUES A EFFECTUER D'APRÈS LES RÈGLES ÉNONCÉES A CHACUNE DES LITT. DE **C** A **V**.

C. *Somme et différence de deux monômes non semblables.*

A. *Le second monôme étant positif ou* $+m'$.

RÈGLE. Écrivez les deux monômes, le second m' à la suite du premier m, en les séparant par le signe *plus*, s'il s'agit d'une somme, et par le signe *moins*, s'il s'agit d'une différence : ainsi;

$$\text{Somme} = m + m' \qquad \text{différence} = m - m'$$

$$\begin{cases} m = a, & 4, & 3a, & a^2, & 4a^3, & a^3b^2, & 5a^4b, & a^m \\ m' = b, & 3b, & 5, & 2b^2, & 3b^4, & a^2b^2, & 4ab^4, & a^n \end{cases}$$

$$\begin{cases} m = -a, & -4, & -3a, & -6a^2, & -2a^4b^2, & -a^m, & -2a^mb^n \\ m' = +2, & +b, & +3b, & +2a, & +2a^3b^2, & +2a^n, & +4a^nb^m. \end{cases}$$

B. *Le second monôme étant négatif ou* $-m'$.

RÈGLE. Écrivez les deux monômes, le second (abstraction faite du signe) à la suite du premier m, et séparez les par le signe *moins*, s'il s'agit d'une somme, et par le signe *plus* s'il s'agit d'une différence. Ainsi :

$$m + -(m') = m - m', \qquad m - (-m') = m + m'.$$

$$\begin{cases} m = \pm a, & \pm 2a, & \pm 3a^2, & \pm 5a^2b, & \pm 2a^m, & \pm ma^rb^s \\ m' = -b, & -5, & -4b^2, & -5ab^2, & -b^n, & -na^mb^n. \end{cases}$$

D. *Réduction d'un binôme composé de deux termes semblables.*

A. *Les deux termes étant de même signe.*

RÈGLE. Le monôme, résultat de la réduction, est semblable aux termes du binôme, il a leur signe et son coefficient est égal à la somme des valeurs absolues des deux coefficients.

Réduire les binômes suivants :

1. $5a^2 + 7a^2$, $4a^2b + 5a^2b$, $5a^m + a^m$, $4a^mc^n + 5a^mc^n$,

2. $-5b^2 - 2b^2$, $-3ab^2 - 2ab^2$, $-2b^n - 5b^n$, $-7a^xb^y - 3a^xb^y$.

B. *Les deux termes étant de signe contraire.*

Règle. Le résultat de la réduction est un monôme semblable aux termes du binôme; le coefficient est égal à la différence des valeurs absolues des deux coefficients; le signe est le même que celui qui précède le plus grand coefficient.

Exemple. $5a^2b - 3a^2b = 2a^2b$, $4ab^2 - 7ab^2 = -5ab^2$.

Réduire les binômes suivants :

1. $5a^2 - 2a^2$, $6ab - ab$, $8ab^3 - 5ab^3$, $4a^m - 2a^m$

2. $-8a^2 + 5a^2$, $-7ab + ab$, $-6a^3b + 4a^3b$, $-8a^n + 5a^n$

5. $2b^2 - 5b^2$, $5ab - 8ab$, $4ab^2 - 8ab^2$, $a^n - 4a^n$

4. $-6a^3 + 8a^3$, $-5ab + 7ab$, $-7a^3b + 9a^3b$, $-2a^r + 8a^r$.

E. *Somme et différence de deux monômes semblables.*

Règles. 1° *Somme.* A la suite du premier monôme écrivez le second avec son signe et réduisez le binôme qui en résulte.

Ex. $4a^2b + 5a^2b = 9a^2b$, $7ab + (-5ab) = 7ab - 5ab = 4ab$;
 $-6a^3 + (-4a^3) = -6a^3 - 4a^3 = -10a^3$.

2° *Différence.* A la suite du premier monôme écrivez le second en changeant son signe et réduisez le binôme.

Ex. $5a^3 - (+4a^3) =$ $5a^3 - 4a^3 =$ a^3;
 $2a^2b - (-5a^2b) =$ $2a^2b + 5a^2b =$ $5a^2b$;
 $-7a^m - (-2a^m) = -7a^m + 2a^m = -5a^m$.

Ajouter :

1. $2a^5$ à $4a^5$, $4m^2n$ à $7m^2n$, $6m^2n^2p$ à $4m^2n^2p$,

2. $5a^4$ à $-5a^4$, $2a^3b$ à $-5a^3b$, $-4a^m$ à $5a^m$,

3. $-8a^2$ à $-5a^2b$, $-a^5b^2$ à $-5a^5b^2$, $-5a^np$ à $-5a^np$.

Retrancher :

1. $2b^5$ de $5b^5$, $5a^2b$ de $7a^2b$, $4a^mb^n$ de $9a^mb^n$,

2. $5b^4$ de $3b^4$, $6a^3b$ de a^5b, $7a^xb^y$ de $5a^xb^y$,

3. $-2x^2$ de $4x^2$, $-5xy$ de $3xy$, $-6x^ay^b$ de x^ay^b,

4. $-2y^5$ de $-4y^5$, $-4xy^2$ de $-5xy^2$, $-8x^m$ de $-5x^m$,

5. $4z^5$ de $-z^5$, $2x^2z^5$ de $-3x^2z^5$, $4x^ay^b$ de $-8x^ay^b$.

F. *Réduction d'un polynôme composé de plusieurs termes semblables.*

A. *Tous les termes étant de même signe.*

RÈGLE. Le monôme, résultat de la réduction, est semblable aux termes du polynôme, il a leur signe et son coefficient est égal à la somme des valeurs absolues des coefficients des différents termes.

Ex. $5ab^4 + 2ab^4 + ab^4 + 7ab^4 = 15ab^4$

$$-5a^2b^2 - 6a^2b^2 - a^2b^2 - 5a^2b^2 = -15a^2b^2.$$

B. *Quelques termes étant positifs, quelques autres négatifs.*

RÈGLE. Réunir en un seul terme tous ceux qui sont précédés du signe *plus*, puis tous ceux qui sont précédés du signe *moins*; former un binôme des deux résultats et réduire.

Ex. $12a^5b^4 + 5a^3b^4 - 5a^3b^4 + 7a^3b^4 - 9a^3b^4 - a^3b^4 + 2a^3b^4 =$
$= 24a^3b^4 - 15a^3b^4 = 9a^3b^4.$

$2m^xn^y - 4m^xn^y - 7m^xn^y + 8m^xn^y - 5m^xn^y + m^xn^y =$
$= 11m^xn^y - 16m^xn^y = -5m^xn^y.$

$5x^ay^4 - 8x^ay^4 + 2x^ay^4 + 9x^ay^4 - 10x^ay^4 + 7x^ay^4 - x^ay^4 - 4x^ay^4 =$
$= 23x^ay^4 - 23x^ay^4 = 0.$

Réduire les polynômes suivants :

1. $a^4 + 5a^4 + 2a^4 + 9a^4 + 10a^4,$ $2x^m + 7x^m + 5x^m + 8x^m.$

2. $-2a^3y - 5a^3y - 8a^3y - 4a^3y,$ $-7my^2 - 5my^2 - 5my^2.$

5. $2a^2x + 4a^2x - 6a^2x + 3a^2x - 5a^2x - a^2x + 8a^2x.$

4. $-5a^5b^x + 14a^5b^x - 10a^5b^x - 6a^5b^x + 9a^5b^x + a^5b^x - 5a^5b^x.$

5. $a^4 - 2a^4 + 7a^4 - 5a^4 - 6a^4 - 4a^4 - 5a^4 + 4a^4 - 2a^4.$

6. $8m^2y^5 + 6m^2y^5 - 2m^2y^5 - 5m^2y^5 + 8m^2y^5 - 10m^2y^5 + m^2y^5.$

G. *Réduction d'un polynôme quelconque.*

Règle. On commence par distinguer dans le polynôme plusieurs séries de polynômes semblables; on réduit chaque série en un seul terme; le polynôme formé des différents termes obtenus par ces réductions partielles exprimera le résultat de la réduction du polynôme donné.

Ex. $5a^3 - 2a^2b + 3ab^2 + 4a^3 - 5ab^2 - 7a^3 - 10a^2b + ab^2 =$
$= 2a^3 - 12a^2b - ab^2.$

Polynômes à réduire :

1. $5a^2 - 2b^2 + 5c^2 - 3b^2 + 2c^2 + 4a^2 - 5c^2 - 8a^2 + b^2.$

2. $4a^2b - 6a^3 + ab^2 - 2a^2b + 7b^3 - 5a^2b + 8ab^2 + 6a^3 - b^3.$

5. $5a^2b + 2a^2c - 5ab^2 + 8b^2c - 2ac^2 + 2bc^2 - 5a^2b + ab^2.$

4. Écrire les uns à la suite des autres, en conservant les signes, les termes de deux ou de trois des polynômes du n° 1, *litt.* **H,** et réduire les polynômes résultants.

De même pour les n°s 2, 3, 4 de la même *litt.*

5. Écrire les uns à la suite des autres, les termes de deux ou plusieurs polynômes du n° 1, *litt.* **H,** en changeant les signes de tous les termes d'un ou de deux de ces polynômes, et réduire.

H. *Somme de deux ou de plusieurs polynômes.*

Règle. A la suite du premier polynôme on écrit les différents termes du second polynôme avec leurs signes, puis ceux du troisième (s'il y en a un) etc., et on opère la réduction des termes semblables.

Former la somme des polynômes suivants :

1.
$${}_1 \begin{cases} a^2 + ab + b^2 \\ 2a^2 + b^2. \end{cases} \qquad {}_2 \begin{cases} 3a^2 - 4ab + 5b^2 \\ 5b^2 + 3ab - 2a^2. \end{cases} \qquad {}_3 \begin{cases} 7a^2 - 8ab - 7b^2 \\ 6b^2 + 3ab - 4a^2. \end{cases}$$

2.
$${}_1 \begin{cases} a^3 + 5a^2b - 4ab^2 + 2b^3 \\ 3a^3 - 7b^3 + 6ab^2 - 9a^2b. \end{cases} \qquad {}_2 \begin{cases} 8a^2b - 5b^3 - 6a^3 + 7ab^2 \\ 9a^3 - 10b^3 - a^2b - 7ab^2. \end{cases}$$

3.
$${}_1 \begin{cases} 2a^4 - 5a^2b^2 + 3ab^4 - 7b^4 \\ 8a^3b + 7a^2b^2 - 9ab^4 - 2b^4. \end{cases} \qquad {}_2 \begin{cases} 7b^4 + 5a^2b^2 - 5ab^3 - 5a^3b \\ 8a^4 - 8ab^3 + 5a^3b - 10a^2b^2. \end{cases}$$

4.
$${}_1 \begin{cases} 5a^5 + 7a^3b^2 - 2a^4b + 3ab^4 \\ 2a^2b^3 - 8b^5 + 6ab^4 - 9a^2b^2 \end{cases} \qquad {}_2 \begin{cases} 4a^3b - 7a^5 - 9b^5 + 12ab^4 \\ 9a^2b^3 + 5a^5 + 6ab^4 - 5a^3b. \end{cases}$$

5. Ajouter les polynômes du n° 1 en les prenant 2 à 2, 3 à 3, 4 à 4, 5 à 5, puis tous les six.

6. Ajouter les polynômes du n° 2 en les prenant 2 à 2, 3 à 3, puis tous les quatre.

De même pour les n°ˢ 3 et 4.

7. Former, pour les ajouter entre eux, les polynômes dont on demande la différence dans les n°ˢ 2 et 3 de la *litt.* suivante.

I. *Différence de deux polynômes.*

Règle. A la suite du premier polynôme écrire tous les termes du second polynôme en changeant les signes de chacun d'eux, puis opérer la réduction des termes semblables.

Soustractions à effectuer.

1. Prendre deux polynômes quelconques du n° 1 de la *litt.* précédente et retrancher le second du premier.

De même pour les n°ˢ 2, 3 et 4.

2. De la somme de deux polynômes du n° 1 de la *litt.* précédente retrancher la somme de deux autres polynômes du même numéro.

De même pour les n°ˢ 2, 3 et 4.

3. Augmenter d'une unité l'exposant d'une lettre de chacun des termes des polynômes du n° 1 de la *litt.* précédente et retrancher de la somme de deux polynômes ainsi formés la somme de deux polynômes du n° suivant.

De même pour les n°ˢ 2 et 3.

K. *Produit d'un monôme multiplié par un monôme.*

1° *Règle des signes.* Le produit de deux monômes de *même signe* est un *monôme positif;* la multiplication de deux monômes de *signes différents* donne pour produit un *monôme négatif.*

2° *Règle des coefficients.* Le coefficient du produit s'obtient par la multiplication des coefficients des deux facteurs.

3° *Règle des lettres.* La partie littérale du produit se compose de toutes les lettres des deux facteurs, écrites chacune une fois, à la suite les unes des autres sans interposition de signe.

4° *Règle des exposants.* Chaque lettre commune aux deux monômes a pour exposant la somme des exposants qu'elle a dans les deux facteurs; les lettres non communes conservent l'exposant qui les affecte.

Exemples. On demande les produits de $5a^3b^2c$ par $4a^2b^2c^4d^3$, de $-5a^4b^2c$ par $6b^4c^2$, de $-6a^3b^2$ par $4a^mb^nc^p$.

Disposition et résultats demandés.

1°		2°		3°	
$+5a^3b^2c$		$-5a^4b^2c$		$-6a^3b^2$	
$+4a^2b^2c^4d^3$		$6b^4c^2$		$-4a^mb^nc^p$	
$+20a^5b^4c^5d^3$		$-18a^4b^6c^3$		$+24a^{3+m}b^{2+n}c^p$	

1° Le produit des signes + par + donne +.

Celui du coefficient 5 par le coefficient 4 donne 55.

Le produit de a^3 par $a^2 = a.aa$ par $aa = aaaaa = a^5$.

Les produits de b^2 par b^2, de c par c^4 donnent b^4 et c^5.

La lettre d^3 étant seule s'écrit telle.

Donc, le produit des deux monômes $+ 5a^3b^2c$ par $+ 4a^2b^2c^4d^3$ est le monôme $+ 20a^5b^4c^5d^3$.

2° Le produit des signes — par + donne —.

Celui du coefficient 5 par le coefficient 6 donne 18, etc.

3° Le produit des signes — par — donne +.

Celui du coefficient 6 par le coefficient 4 donne 24.

La lettre a ayant pour exposants 3 et m doit entrer dans le produit autant de fois comme facteur qu'il y a d'unités dans 3 et dans m c'est-à-dire dans $3 + m$; $3 + m$ sera donc l'exposant de a dans le produit.

Le produit de b^2 par b^n est égal à b^{2+n}, la lettre c^p étant seule est écrite telle au produit; d'où résulte pour produit des deux monômes proposés, le monôme $+ 24a^{3+m}b^{2+n}c^p$.

Former les produits suivants :

1. $5a.4$, $2a.(—5)$, $(—7a).6$, $(—5a)(—4)$; $5a^3b.8$, $(—2ab^3).7$.

2. $6.2x$, $3.4a^2x^3$, $(—2).6a^2x$, $5.(—2ax^2)$, $— 5.(—a^4)$, $(— 8).(—5ay^2)$.

3. $2a.5a$, $5a^2.4a$, $3a^3.2a^2$, $(—2a).6a^2$, $4a^2.(—5a^2)$, $(— 8a^3).(—6a^4)$.

4. $2a^3.4b^2$, $5a^3b.6c^2d^4$, $8a^3d^2.(—4c^3)$, $(—6a^2b).5c^2d^3$, $(— 7a^5b^2).(—5cd^2)$.

5. $a^2b.ab^2$, $a^3b^2.ab^3$, $a^3b^2c^4.a^2bc^2$, $a^4b^3c^2d.ab^2c^2d^2$, $a^m.a^n$.

6. $(—a^2b).a^2b^3$, $a^5b^3.(—a^2b^3)$, $(— a^4b^2).(—a^3b^3)$, $(—a^2)^2$, $(—a^2b^3)^2$.

7. $5a^2b.4ab$, $5a^3x^2.5a^4x^3$, $(6a^2x^3)^2$, $2a^3b^2c.5ac^2d$, $6a^2.7ab^2c$.

8. $5a^2b.(—5a^2b^3)$, $(—6a^3x^2).9ax^3$, $(—4a^4x^3y).(—5a^2x^2)$, $(—5a^5x^3y^2)^2$.

9. $a^m.a^n$, $5a^m.a^n$, $5a^m.2a^n$, $4a^mb^n.5a^nb^2$, $4a^3b^nc^m.(—a^nb^nc^n)$.

10. $a^{m+2}.a^{n-2}$, $a^{2m+3}.a^{n-m+1}$, $5a^{m-1}b^{n+1}.5a^{2n-m}b^{2m-1}$, $(a^3b^{2m})^2$.

Produits de plusieurs monômes.

11. $ab.bc.cd,$ $a^2b.b^2c.c^2d,$ $3ab.2ac.5cd,$ $4a^2b.5ab^2c.5ac^2.$

12. $a^2bc^3.4ab^3c^2.6a^4bc^5,$ $2a^3b.2a^3b.2a^3b,$ $(5ab^2c^3)^3,$ $(3a^4c^2x^5)^5.$

13. $(-ab).cd.bc,$ $(-a^2b)(-ab^2).c^2b,$ $(-a^4b^2)(-4b^2c^2)(-5a^2b^5c).$

14. $(-4a^2b)(-4a^2b)(-4a^2b),$ $(-3a^2b)^3,$ $(5a^2b^2c)^2.(-2a^2b^5c^4)^3,$
      $(-a^mb^n)^3.$

15. $(2a^2x)^2.(-3a^5y^2).(-4x^2y^5)^3,$ $4(a^mx^n)^2.3(-a^ny^p)^3.2(a^2x^3y^3)^3.$

16. $(ab)^2.bc^2.cd^2.d^2f,$ $5a^2b.(2ab^2)^3.4(-4a^4b^2)^2.2(-3a^2b^3)^3,$
      $(2a^2b^3)^4.4(-3ab^2)^4.$

17. Multiplier entre elles les quantités qui entrent dans chacun des n^{os} de 1 à 6, de la *litt.* **A.**

Multiplications combinées.

1. $3x^2y^2 + 4xy^2.2x - 2x^2y.5y,$ $7xy.3xy - 2x^2.4y^2 + 3x^2y.5y.$

2. $4.5x^4y^4 + x^3y^2.4xy^2 - 6x^2y.3x^2y^3,$ $2xy.5x^3y^5 + 5x^4y.5y^3 -$
      $- 8xy^2.(-4x^3y^2).$

3. $4(x^2y^2)^2 + 2(x^2y)^2.5y^2 + (-3xy)^2.5x^2y^2,$ $(5xy)^3.2xy +$
      $+ 5(xy^2)^2.(-4x)^2 - (2x)^4.(5y)^4.$

4. $5x^3y^2.3x^2y + 2xy^2.4x^2y^3 - 6x^4y^2.2x^2y + x^2y^2.7x^3y + 4x^4y.2xy^2 -$
      $- 2xy^4.5x^2y.$

5. $2x^4y^5z^5.7 + 2x^2y^2z^3.4x^3y^2z^2 - 3xy^2z^3.2x^5y^5z^2 + 5x^4y.3xy^4z^4 -$
      $- 8x^3y^5z.2xy^2z^4 + 5x^2yz^5.3x^2y^5z^2 - 10xy^5.3(-x^2z^2)^2 +$
      $+ 7(-xy)^5.(-2xyz^2)^2 + 5(xyz)^4.(-5xy).$

6. $2x^{2-m}y^{5-n}.4x^my^{1+n} + 5x^{5-p}y^{2-q}.4x^{p-1}y^{2+q} + 8x^{4-r}y^2.5x^{r-2}y^2.$

8

L. *Multiplication des facteurs monômes et polynômes.*

1° Polynôme par monôme.

Règle. Formez séparément le produit du multiplicateur et de chaque terme du multiplicande; réunissez ensuite ces produits dans un même polynôme en les fesant précéder chacun de leur signe propre.

N. B. On conserve tous les signes du multiplicande quand le multiplicateur est positif; on les change tous quand le multiplicateur est négatif.

2° Monôme par polynôme.

Règle. Multipliez successivement le multiplicande par chacun des termes du multiplicateur pris avec son signe, et réunissez les produits particls dans un même polynôme comme ci-dessus.

3° Polynôme par polynôme.

Règle. Multipliez le multiplicande par chaque terme du multiplicateur, comme dans le cas précédent, et réunissez les différents produits partiels par les règles de l'addition.

N. B. 1° Il convient d'ordonner le multiplicande et le multiplicateur par rapport à une même lettre; les calculs ayant alors plus de symétrie sont plus faciles à vérifier. Il convient aussi d'écrire chaque terme d'un produit partiel au-dessous du terme semblable s'il y en a un, dans le produit partiel précédent; la réduction des termes semblables se trouve ainsi facilitée.

2° Si le multiplicateur est égal au multiplicande, le produit, qui forme alors le *carré* de ce multiplicande, renferme le carré du 1er terme(*), plus le double produit du 1er par le 2e, plus le carré du 2e; plus les doubles produits de chacun des deux premiers termes par le 3e, plus le carré du 3e; plus les doubles produits de chacun des trois premiers termes par le 4e, plus le carré du 4e et ainsi de suite.

(*) Le carré d'un monôme se forme en élevant son coefficient au carré et en doublant chacun des exposants des différentes lettres. Il est toujours positif.

Tableau des facteurs des produits indiqués ci-après et à former conformément à ce qui a été dit litt. **E** *(1ʳᵉ sect. N. B.* **a** *et* **b**, *pages 3 et 4).*

	A, A'	B, B'	C, C'	D, D'	E, E', E''
1.	± 5	$x \pm 2$	$x^2 \pm 4$	$xy \pm 2$	$x^2 \pm 5x \pm 6$
2.	$\pm x$	$4 \,\text{»}\, y$	$5x^2 \,\text{»}\, 1$	$5xy \,\text{»}\, 5$	$2x^2 \,\text{»}\, 7x \,\text{»}\, 5$
3.	$5x$	$2x \,\text{»}\, 6$	$5 \,\text{»}\, y^2$	$9 \,\text{»}\, xy$	$5x \,\text{»}\, 8x^2 \,\text{»}\, 5$
4.	$5y$	$5y \,\text{»}\, 7$	$9 \,\text{»}\, 5x^2$	$8 \,\text{»}\, 4xy$	$7 \,\text{»}\, 5x^2 \,\text{»}\, 8x$
5.	y^2	$x \,\text{»}\, y$	$2x^2 \,\text{»}\, y^2$	$2xy \,\text{»}\, x^2$	$4x^2 \,\text{»}\, 2xy \,\text{»}\, 5y^2$
6.	$4x^2$	$2x \,\text{»}\, 4y$	$x^2 \,\text{»}\, 5y^2$	$5xy \,\text{»}\, y^2$	$x^2 \,\text{»}\, 2xy \,\text{»}\, y^2$
7.	xy	$5x \,\text{»}\, 7y$	$4x^2 \,\text{»}\, 5y^2$	$5x^2 \,\text{»}\, xy$	$x^2 \,\text{»}\, xy \,\text{»}\, y^2$
8.	$4x^2y$	$y \,\text{»}\, 4x$	$7y^2 \,\text{»}\, 5x^2$	$9x^2 \,\text{»}\, 5xy$	$5xy \,\text{»}\, 5x^2 \,\text{»}\, 7y^2$
9.	$5x^2y^2$	$5y \,\text{»}\, x$	$8y^2 \,\text{»}\, 5x^2$	$5y^2 \,\text{»}\, 7xy$	$5y^2 \,\text{»}\, xy \,\text{»}\, 2x^2$
10.	$5x^3y^2$	$9x \,\text{»}\, 5y$	$6x^2 \,\text{»}\, 2y^2$	$5y^2 \,\text{»}\, 5xy$	$5xy \,\text{»}\, x^2 \,\text{»}\, y^2$

F, F', F''				G, G', G''					
$4x^3 \pm 2x^2y \pm 7xy^2 + 5y^3$				$x^5 \pm x^4y + x^3y^2 \pm x^2y^3 + xy^4 \pm 6$					
$5xy^2 \,\text{»}\, 2x^3 \,\text{»}\, 3y^3 \,\text{»}\, 4x^2y$				$5x^4y \,\text{»}\, 2x^2y^3 \,\text{»}\, 8x^5 \,\text{»}\, 6xy^4 \,\text{»}\, x^3y^2 \,\text{»}\, 5$					
$x^5 \,\text{»}\, a^2 \,\text{»}\, x \,\text{»}\, 1$				$5x^4 \,\text{»}\, 2x \,\text{»}\, 5x^5 \,\text{»}\, 9x^5 \,\text{»}\, 8 \,\text{»}\, 5$					
$4x^2 \,\text{»}\, 5x \,\text{»}\, 9x^3 \,\text{»}\, 8$				$6x^3 \,\text{»}\, 2x^4 \,\text{»}\, 9x \,\text{»}\, 10x^5 \,\text{»}\, 1 \,\text{»}\, 8$					
$y^3 \,\text{»}\, y^2 \,\text{»}\, y \,\text{»}\, 1$				$5y^2 \,\text{»}\, 5y^4 \,\text{»}\, 9 \,\text{»}\, 5y^5 \,\text{»}\, 6y^3 \,\text{»}\, 2$					
$2y \,\text{»}\, 5y^3 \,\text{»}\, 4 \,\text{»}\, 5y^2$				$y^5 \,\text{»}\, y^4 \,\text{»}\, y^3 \,\text{»}\, y^2 \,\text{»}\, y \,\text{»}\, 1$					
$7x^2y \,\text{»}\, 9xy^2 \,\text{»}\, 5x^5 \,\text{»}\, 4y^3$				$5x^4y \,\text{»}\, x^2y^3 \,\text{»}\, 4y^5 \,\text{»}\, 5x^5 \,\text{»}\, 2x^3y^2 \,\text{»}\, 5$					
$x^2y \,\text{»}\, 8y^3 \,\text{»}\, 4xy^2 \,\text{»}\, 2x^3$				$5x^2y^3 \,\text{»}\, 2x^4y \,\text{»}\, 5x^3y^2 \,\text{»}\, 7y^5 \,\text{»}\, xy^4$					
$2x^4 \,\text{»}\, 5xy^3 \,\text{»}\, 5x^2y^2 \,\text{»}\, 7y^4$				$4x^5 \,\text{»}\, 2x^2y^2 \,\text{»}\, 5x^3y \,\text{»}\, 5x^4 \,\text{»}\, 7xy^3 \,\text{»}\, 8$					
$4x^3y \,\text{»}\, 2xy^3 \,\text{»}\, 5x^4 \,\text{»}\, 2y^4$				$5y^3 \,\text{»}\, 4x^4y \,\text{»}\, 2xy^2 \,\text{»}\, 10x^2y \,\text{»}\, 8x^5 \,\text{»}\, 5$					

N. B. Les signes qui séparent les termes dans les premiers polynômes, pour chacune des lettres B, C, D, etc., sont ceux qui doivent remplacer les guillemets placés au-dessous d'eux en ligne verticale. Quant aux doubles signes $\pm$, le signe supérieur ou $+$ est employé pour les lettres A, B, C, etc., non accentuées; le signe — pour les lettres accentuées une fois. Les lettres doublement accentuées indiquent que les polynômes ci-dessus doivent être ordonnés par rapport à x, et que les signes sont alternativement + et —.

Ex. $E_4 = 7 + 5x^2 + 8x,$ $F'_3 = y^3 - y^2 - y - 1,$

$G''_7 = -3x^4y - x^2y^3 - 4y^5 + 5x^5 + 2x^3y^2 + 5xy^4.$

Produits à former :

1. A.B,   A.C,   A.D,   A.E,   A.F,   A.G.

2. B.B, B^2,   B.C,   B.D,   BE,   BF,   BG.

3. C.C, C^2,   C.D,   C.E,   C.F,   C.G.
    D.D, D^2,   DE,   DF,   DG.

4. E.E, E^2,   E.F,   E.G;   F.F, F^2,   F.G;   G.G, G^2.

N. B. Mettre le signe — devant quelques facteurs.

Ex. (— D).E,   (— C).(— F).

5. 1° Accentuer une fois les premières lettres des produits indiqués ci-dessus; 2° accentuer une fois les dernières; 3° accentuer les deux lettres.

6. Dans les produits qui contiennent E, F et G prendre les combinaisons analogues aux suivantes :

1° A.E,   A.E'',   A'.E'';   2° E.F,   E.F'',   E''.F,   E'.F'',
E''.F,   E''.F'';   3° E.G,   E''.G,   E.G'',   E''.G',   E'.G'',
E.G'',   E''.G,   E'.G'',   E''.G',   E'G',   E''.G'',   etc.

7. A.B.B,   A.B.C,   A.B.D, etc.;   A.C.C,   A.C.D,   A.C.E, etc.

8. B.B.B,   B.B.C,   B.B.D, etc. etc.;   B.C.C,   B.C.D, etc. etc.;
    B.D.D,   B.D.E, etc., etc.

9. C.C.C,   C.C.D,   C.C.E, etc. etc.;   C.D.D,   C.D.E, etc. etc.;
    C.E.E,   C.E.F., etc. etc.

10. Introduire dans les trois derniers numéros précédents des lettres une fois et deux fois accentuées.

N. B. Ceci revient à remplacer dans le produit XYZ, les facteurs X, Y et Z chacun par une quelconque des lettres A, B, C, D, E, F, G accentuées ou non et portant en indice inférieur le numéro qui correspond au facteur à prendre dans le tableau précédent.

Ex. $A'_3.C_3.E''_8 = -y^2.(5 + y^2).(-5xy + 5x^2 + 7y^2).$

$F_3.F'_5.F''_7 = (x^5+x^2+x+1).(y^3-y^2-y+1).(-7x^2y + 9xy^2 + 5x^3-4y^3).$

11. Former les carrés et les cubes des polynômes B, C, D, etc.

12. $(G_1 \times x + G'_7 \times y).E''_7,$ $(C'_5.x - D_6.y + E''_5.x).B_6$ et autres combinaisons analogues.

13. Démontrer les théorèmes énoncés pages 48 et 49, à l'exception des n°s 9 et 12.

M. *Division des monômes.*

1° *Règle des signes.* Si le dividende est positif le quotient est de même signe que le diviseur; si le dividende est négatif le quotient a un signe contraire à celui du diviseur.

2° *Règle des coefficients.* Le coefficient du quotient s'obtient en divisant celui du dividende par le coefficient du diviseur.

3° *Règle des lettres.* On supprime dans le dividende les lettres du même exposant qui lui sont communes avec le diviseur; les lettres non supprimées composent la partie littérale du quotient.

4° *Règle des exposants.* L'exposant de chaque lettre du quotient s'obtient en retranchant l'exposant qu'elle a dans le diviseur de celui qu'elle a dans le dividende.

Remarque. Deux monômes ne se divisent pas exactement : 1° lorsque le diviseur renferme des lettres non communes avec le dividende; 2° quand l'exposant d'une lettre du diviseur surpasse celui de la même lettre du dividende; 3° lorsque les coefficients ne se divisent pas exactement.

Effectuer les divisions suivantes :

N. B. Le premier monôme donné à chaque numéro constitue le dividende, ceux qui suivent sont différents diviseurs par lesquels on propose de diviser le dividende.

1. $12a^6,$ $5,$ $-4,$ $6a,$ $-2a,$ $12a^2,$ $-a^4,$ $6a^5,$ $-5a^6,$ $-12a^6.$

2. $12a^5b^2$,   5, -6, $4a^2$, $-2ab$, $2a^2b^2$, $-3a^3$, $4a^3b^2$,
    $-12b^2$.

3. $-24ab$,   6, -3, $8a$, $-4b$, $2ab$, $-3ab$, $24a$,
    $-24b$.

4. $-36a^5b^3$,   12, -9, $3a$, $-4b$, $6a^2$, $-6b^3$, $9a^2b^2$,
    $-12a^3b^3$.

5. $60x^4y^5z^2$,   15, -12, $3xyz$, $-6x^2z^3$, $10x^5$, $-6xy^5$, $x^4y^5z^2$
    $-15x^4y^2z^2$.

6. $-12x^3y^2z^4$,   3, -4, $6x$, $-4z^3$, $2y^2$, $-3x^2y^2$, $12x^3y^2$
    $-6x^3yz^3$.

7. a^m, a, a^2, a^n, a^{m-1}, a^{m-2}, a^{3-m}, a^{2n-m},

8. $-18a^mb^n$,   9, -6, $3a^4$, $6a^2b$, $-3ab^2$, $2a^mb$, $3a^2b^n$,
    $9a^nb^p$, $-6a^mb^r$, $3a^{m-x}b^{n-y}$, $-9a^{m-4}b^{n-4}$, $6a^{m-2n}b^{n-2m}$.

9. $24a^mb^4c^n$, $3a^x$, $-4b^n$, $6abc$, $-8a^mb^nc^4$, $-2a^3b^nc^{x-1}$.

N. *Division de polynômes par monômes.*

Règle. Divisez chacun des termes du dividende par le monôme diviseur suivant les principes qui précèdent (**M**) et réunissez les quotients avec leurs signes dans un nouveau polynôme.

Divisions à effectuer.

N. B. Note analogue à la précédente (**M**).

1. $(8a^6b^3 - 4a^4b^5 + 12a^3b^2)$ 4, -2, $4a^2$, $-2b^2$, $4a^2b$,
    $-4a^3b^2$.

2. $(36x^6y^5z^4 - 24x^5y^6z^4 - 12x^4y^6z^5)$ 12, -6, $6x^3$, $-3y$,
      $-3y^5$, $-4z^4$, $2x^3y^2$, $-4x^3z^3$, $12xyz$, $-6x^6yz$,
      $4x^6y^4z^3$, $-3x^2y^5z^4$.

3. $(60a^4b^4c^4d^4 - 36a^5b^3c^5d^3 - 24a^3b^5c^5d^5 + 36a^4b^5c^6d^7)$ $abcd$,
      $-a^2bcd^2$, $-a^3b^3$, c^3d^3, $12a^3d^5$, $-6a^3c^2d$, $-12ab^2c^5d^3$.

4. $25a^xb^y - 12a^{2x}b^{2y} + 36a^{x+3}b^{y+4}$, a, $-b$, a^2, $-b^3$, ba^x,
      $-4b^y$.
      $4a^yb^x$, $-3a^xb^{y+4}$, $12a^{x+2}b^{y-2}$, $-4a^3b^3$, $3a^xb^y$.

O. *Divisions de deux polynômes.*

Règle. Ordonnez les deux polynômes par rapport à une même lettre.

Divisez le premier terme du dividende par celui du diviseur ; le résultat sera le premier terme du quotient.

Multipliez le diviseur par ce terme et retranchez le produit du dividende.

Considérant le reste comme un nouveau dividende, ordonnez-le et procédez comme ci-dessus.

Continuez de la sorte jusqu'à ce qu'on arrive à un reste nul, ou jusqu'à ce que le plus haut exposant de la lettre ordonnatrice, dans le reste, soit plus petit que l'exposant du premier terme du diviseur.

Divisions à effectuer :

N. B. Note analogue à la précédente (**M**).

1. $(x^2 + 8x + 15)$ $x + 5$, $x + 5$.

2. $(a^2 + 2x - 5)$ $x - 1$, $x + 5$.

5. $(x^2 + x - 20)$ $x - 4$, $x + 5$.

4. $(6x^2 - x - 12)$ $2x - 5$, $5x + 4$.

5. $(8x^2 - 6x - 9)$ $2x - 5$, $4x + 5$.

6. $(12x^2 + 25x + 12)$ $5x + 4$, $4x + 5$.

7. $(a^5 + 7ab^2 - 15b^5 + 7a^2b)$ $a + 5b$, $a^2 + 8ab^2 + 5b^2$, $a^2 + 4ab - 5b^2$.

8. $(12b^5 - 2a^2b - 11ab^2 + a^5)$ $a - b$, $a - 4b$, $a + 5b$, $a^2 - ab + 12b^2$, $2ab - 5b^2 + a^2$, $5b^2 + a^2 - 5ab$.

9. $(a^5 - 21ab^2 + 20b^5)$ $a^2 - 5ab + 5b^2$, $a^2 + ab - 20b^2$.

10. $(18x^5 - 54xy^2 + 24y^5 - 15x^2y)$ $2x - 5y$, $5x + 4y$, $5x - 2y$, $6x^2 - 12y^2 - xy$, $9x^2 - 8y^2 + 6xy$, $6x^2 - 15xy + 6y^2$.

11. $(14x^2y - 56y^5 + 24x^5 - 51xy^2)$ $2x - 5y$, $5x + 4y$, $4x + 5y$, $6x^2 - 12y^2 - xy$, $12x^2 + 25xy + 12y^2$, $8x^2 - 9y^2 - 6xy$.

12. $(5a^5b - 45ab^5 + a^4 + 60b^4 - 21a^2b^2)$ par les polynômes des N°s 7, 8 et 9 ci-dessus.

15. $\{72x^4 + 72y^4 - 6xy(x^2 + y^2) - 181x^2y^2\}$ par les polynômes des N°s 10 et 11 ci-dessus.

14. $(a^4 + b^4 + c^4 - 2a^2b^2 - 2a^2c^2 - 2b^2c^2)$ $a + b + c,$ $a + b - c,$
    $a + c - b,$ $a - c - b,$ $a^2 + 2ab + b^2 - c^2,$ $a^2 + 2ac +$
    $+ c^2 - b^2,$ $a^2 - b^2 - c^2 - 2bc.$

15. $(a^2b + ab^2 + ac^2 + a^2c + b^2c + bc^2 + 2abc)$ $a + b,$ $a + c,$
    $b + c,$ $a^2 + ab + bc + ac,$ $ab + bc + c^2 + ac.$

16. $(x^6 - y^6)$ $x - y,$ $x + y,$ $x^2 - y^2,$ $x^3 + y^3,$ $x^2 - xy + y^2.$

17. $x^4 + 4y^4,$ $x^2 + 2x^2y^2 + 2y^2,$ $x^2 - 2x^2y^2 + 2y^2.$

N. B. Les polynômes suivants, homogènes et ordonnés, sont donnés par leurs coefficients seuls ; ceux-ci sont séparés par des virgules, les négatifs sont surmontés du signe *moins*. Les élèves en formeront la partie littérale avec deux des quatre lettres *a*, *b*, *x* et *y*. L'exposant de la lettre ordonnatrice dans chaque terme est égal au nombre des coefficients qui suivent le coefficient de ce terme ; l'exposant de la deuxième lettre est égal au nombre des coefficients qui précèdent.

18. $(2, 15, 32, 28, \overline{28}, \overline{98}, \overline{113}, \overline{68}, \overline{22}, \overline{5})$
    $1, 7, 21, 35, 35, 21, 7, 1\ldots$ $1, 6, 15, 20, 15, 6, 1\ldots$
    $1, 5, 10, 10, 5, 1\ldots$ $1, 4, 6, 4, 1\ldots$ $1, 3, 3, 1\ldots$
    $1, 2, 1\ldots$

19. $(1, \overline{10}, 45, \overline{120}, 210, \overline{252}, 210, \overline{120}, 45, \overline{10}, 1)\ldots$
    $1, \overline{9}, 56, \overline{84}, 126, \overline{126}, 84, \overline{36}, 9, \overline{1}\ldots$
    $1, \overline{8}, 28, \overline{56}, 70, \overline{56}, 28, \overline{8}, 1\ldots$ $1, \overline{7}, 21, \overline{35}, 35, \overline{21}, 7, \overline{1}\ldots$
    $1, \overline{6}, 15, \overline{20}, 15, \overline{6}, 1\ldots$ $1, \overline{5}, 10, \overline{10}, 5, \overline{1}\ldots$ $1, \overline{4}, 6, \overline{4}, 1\ldots$
    $1, \overline{3}, 3, \overline{1}\ldots$ $1, \overline{2}, 1.$

N. B. Chaque polynôme indiqué dans les deux numéros précédents peut être pris comme dividende et chacun de ceux qui le suivent, comme diviseur.

20. $(15, 16, \overline{23}, 32, \overline{16}),$ $(3, \overline{3}, 4),$ $(3, 5, \overline{4}).$

21. $(4, \overline{12}, 25, \overline{24}, 16),$ $(2, \overline{3}, 4).$

22. $(10, \overline{24}, 53, \overline{59}, 45, \overline{25}),$ $(2, \overline{4}, 7, \overline{5}),$ $(5, \overline{2}, 5).$

23. $(9, \overline{30}, 67, \overline{94}, 89, \overline{56}, 16),$ $(3, \overline{5}, 7, \overline{4}).$

24. $(\overline{6}, \overline{14}, 15, 49, 55, \overline{11}, 12, \overline{6}),$ $(\overline{2}, 0, 3, 6, \overline{3}),$ $(3, 7, 0, 2).$

25. $(9, \overline{30}, 37, \overline{44}, 8, 44, \overline{8}, 48, 36),$ $(3, \overline{3}, 2, \overline{4}, \overline{6}).$

26. Par quelles quantités algébriques doit-on multiplier les quantités représentées par A pour former les produits qui les suivent.

a) $A = x + y$, $(x^2 + yx)$, $(2x^3 + 2x^2y)$, $5mx + 5my)$.

b) $A = x - y$, $(x^2 - xy)$, $(x^2 - y^2)$, $(x^2 - 2xy + y^2)$,
     $(x^3 - y^3)$, $(x^4 - y^4)$, $(x^3 - 3x^2y + 3xy^2 - y^3)$.

c) $A = 5x + 2y$, $(9x^2 - 4y^2)$, $(9x^2 + 12xy + 4y^2)$,
     $(3x^2 - xy - 2y^2)$, $(27x^3 + 8y^3)$, $81x^4 - 16y^4$.

d) $A = 5x - 4y$, $(10x^2 - 23xy + 12y^2)$, $15x^3 - 2xy - 8y^2)$.

e) $A = x^2 + 2xy + y^2$, $(x^3 + 3x^2y + 3xy^2 + y^2)$, $(x^4 - 2x^2y^2 + y^4)$.

f) $A = x + 2$, $(x^2 - 4)$, $(x^3 + 8)$, $(x^2 + 4x + 4)$.

P. *Décomposition des polynômes en facteurs.*

Exemples.

a) $mn + mp = m(n + p)$, $mn - mp = m(n - p)$.

b) $-ab + bc = -b(a - c)$, $-a^2 - 2a = -a(a + 2)$.

c) $mn + mp - mq = m(n + p - q)$, $-mn + m^2 - mq = -m(n - m + q)$

d) $12a^3b + 8a^2b^2 - 4ab^3 + 20ab = 4ab(3a^2 + 2ab - b^2 + 5)$.

e) $3a(b - c) - 2b(b - c) + 7c(b - c) = (3a - 2b + 7c)(b - c)$.

f) $mn + mz + ny + yz = m(n + z) + y(n + z) = (m + y)(n + z)$.

g) $ax - by - cz - cx - ay + bz + bx + cy + az = x(a + b - c) -$
     $- y(a + b - c) + z(a + b - c) = (x - y + z)(a + b - c)$,

h) $x^2 + 2xy + y^2 = (x + y)^2$, $x^2 - 2xy + y^2 = (x - y)^2$.

i) $x^2 - y^2 = (x + y)(x - y)$, $m^2x^2 - n^2y^2 = (mx + ny)(mx - ny)$.

k) $(a + b)^2 - c^2 = (a + b + c)(a + b - c)$.

l) $a^2 - (b - c)^2 = (a + b - c)(a - b + c)$.

9

Décomposer en leurs facteurs les polynómes suivants :

N. B. On vérifiera par des valeurs numériques.

1. $\begin{cases} xy + 2xz, & 5ab + 2ac, & 2x - 5xy, & 4abc - 5xbc, \\ -xy + 5x, & 4xy - x^2, & 6x^2 - 5xy, & -8x^2z + 10xyz. \end{cases}$

a, b

2. $\begin{cases} 4mn - 2mp + 6mq, & 12m^2n - 8mn^2 + 6mnp - 10mnq, \\ -10a^2m^2 + 5am^2p - 15a^2mq, & 9a^5bc^2 - 12a^2b^2c^2 + 15ab^4c. \end{cases}$

c, d

3. $\begin{cases} mn - mz + ny - yz, & 6mn + 6yz - 9mz - 4ny, \\ a^2 + ab + am + bm - ax - bx + a + b - 2na - 2nb, \\ 2a^2b + 5axy + 5am^2 - 5bm^2 - 5bxy - 2ab^2 + a - b. \end{cases}$

e, f

4. $\begin{cases} am - bn + cp - bm + cn + ap + cm + an - bp, \\ 6am - 2bp + 2cm + 5ap - 4bm + cp - 9an + 6bn - 5cn. \end{cases}$

g

5. $\begin{cases} m^2 + 2mn + n^2, & x^2 + 2x + 1, & m^2 + 4m + 4, \\ a^2 - 2ab + b^2, & 5y^2 - 6y + 5, & 2az^2 - 12az + 18a. \end{cases}$

h

6. $\begin{cases} a^2 - b^2, & x^2 - 1, & y^2 - 4, & z^2 - m^2n^2, & 4a^2 - 9b^2, & m^2x^2 - 25, \\ a^4 - b^4, & x^4 - 1, & y^4 - 16, & z^4 - m^4n^4, & 16a^4 - b^4, & m^4x^4 - 625. \end{cases}$

i

7. $\begin{cases} (x+y)^2 - z^2, & (x-y)^2 - z^2, & (2x+y)^2 - 9x^2, & (5y-1)^2 - 4, \\ a^2 - (b+c)^2, & 25 - (b-3)^2, & 4a^2 - (5a - 2b)^2, & 4a^2 - (a^2+1)^2, \\ (a+b)^2 - (c+d)^2, & (x-y)^2 - (a-b)^2, & 4(a+b)^2 - 9(a-b)^2, \\ (2a + 5b)^2 - (5a - 2b)^2, & 16(2a + b - c)^2 - 9(a - 2b + c)^2, \\ a^2 + 2ab + b^2 - c^2, & x^2 - 2xy + y^2 - z^2, & m^2 + 4m + 4 - n^2, \\ (2a + b)^2 - (a^2 - 2ab + b^2), & 25(5a - 2b)^2 - (4a^2 - 4ab + b^2). \end{cases}$

k, l

8. $\begin{cases} x^5 + y^5, & m^3 + 8n^3, & m^5 + 1, & x^3 + 27, & 8a^3 + 27b^5, \\ x^3 - z^3, & 8a^3 - b^3, & n^5 - 1, & n^3 - 64, & 1000 - 27x^3. \end{cases}$

(*N. B.* Voir page 49, nos 10 et 11).

9. $\begin{cases} x^2y + xy^2 + x^5 + y^5 - (x + y)^3 + (2x + 5y)(x^2 - y^2), \\ a^2b - ab^2 + a^3 - b^5 - (x - y)^5 + (5x - 2y)(x^2 - y^2). \end{cases}$

10. $\begin{cases} 4b^2c^2 - (b^2 + c^2 - a^2)^2, & (a^2 + b^2 - c^2)^2 - 4a^2b^2, & a^6 - b^6, \\ x^2 + (a+b)x + ab, & y^2 + (a-b)y - ab, & x^6 - 1. \end{cases}$

Q. *Plus petit commun multiple (ppcm).*

A. *De deux ou plusieurs monômes.*

Règle. Le *ppcm* est égal à celui des coefficients multiplié par les plus hautes puissances de chacune des lettres contenues dans les monômes.

Trouver le plus petit commun multiple des polynômes suivants :

1. $2a$, $4b$; $6a$, $8b$; $9a$, $6a$; $12ab$, $9bc$; $5ab$, $8bc$.

2. a^2, a^5; a^2b, a^3; a^3b^2, a^3b; a^4b, a^5b^4; a^2b^3c, a^3b.

3. $4a^2$, $5a^3$; $2a^2b$, $5a^3$; $7a^2b^3$, $5a^3b^2$; $8ab^2c$, a^3bc^2; $5a^2b$, $4b^2c^3$; a^m, a^n; a^{m-n}, a^{m+n}; a^{2m}, a^{m+n}.

4. $4a^3$, $8a^2$; $2ab^2$, $6a^3b^5$; $5a^3b^4c$, $15a^3bc^3$; $5a^3b^2$, $9b^3c^5$.

5. $10a^3$, $12a^2$; $18a^3b$, $12ab^5$; $10a^2b^3c^2$, $15b^4c^3$; $6a^3$, $9ab^2c^2$.

6. $2m$, $4n$, $8p$; $5m$, $6n$, $9p$; $12m$, $7n$, $15p$.

7. a, a^2, a^3; a^2b, ab^2, a^2b^2; abc^2, ab^2c, a^2bc.

8. $2a$, $5a^2$, $5a^3$; $4a^2c$, $5ac^2$, $7a^2c^2$; abc^2, $9ab^2c$, $4a^2bc$.

9. $2a^2$, $4a^3$, $8a^4$; $8a^2c$, ac^2, $24a^2c^2$; $6abc^2$, $12ab^2c$, $24a^2bc$.

10. $8m^2$, $6m^3$, $15m^4$; $9np^2$, $6n^2p$, $8n^2p^2$; $4a^3b^2$, $5a^4b$, $12a^2b^5$; a^mb^2, a^nb^5; $4a^{2m}b$, $6a^{m+2}b^n$.

11. $5a^2c$, $4a^3b^2$, $5b^2c^5$; $4a^3$, $7ab^2c$, $5b^4c^2$; $6a^2b$, a^3bc^2, $5b^4c^4$; $20a^m$, $15b^n$; $10a^{m-2}$, $8a^{2m}b^{m+n}$.

12. $6a^2b$, $9b^3c$, $12c^4d$, $15a^3d^4$; $5a^3x$, $8x^2y^3$, $12b^4y$, $18a^4y^4$.

B. *De deux ou plusieurs binômes ou polynômes.*

Règle. Le *ppcm* est égal à celui des facteurs numériques, multiplié par les plus hautes puissances de chacun des facteurs littéraux, monômes ou polynômes, contenus dans les quantités.

Trouver le plus petit commun multiple des polynômes suivants :

1. $a + b$ et $a - b$; $a + b$ et $a^2 - b^2$; $6(a - b)$ et $9a^2 - 9b^2$.

2. $a + b$ et $a^2 + 2ab + b^2$; $2(a - b)$ et $3(a - b)^2$.

3. $x^2 + xy$ et $xy + y^2$; $x^2 + xy$ et $x^2 - xy$; $x^3 - x$ et $x^2 - 1$.

4. $a^2b - b^3$ et $a^2 - b^2$; $a + a^2$ et $1 + a^2$; $6a - 9$ et $4a^2 - 9$.

5. $12a^4x^4y - 27a^2y^3$ et $4a^2x^3 - 9xy^2$; $a^2 + 4x^2$ et $a^2 - 4x^2$.

6. $9a - 3a^2 - 6x + 2ax$ et $5a - 4x - 15a^2 + 12ax$.

7. $x + a + (x + a)^2$ et $x + a$ $x^3 + a^3$ et $x + a$.

8. $x(x + a)^2$ et $(x + a)^3$; $ax(a - x)$ et $(x^3 - a^3)$.

9. $3ax(x^2 - a) - (x^3 - a)$ et $(a + x)(a^2 + x^2)$; $x^3 - a^3$ et $(a - x)^3$

10. $4 - x^2$, $4 + 4x + x^2$ et $4 - 4x + x^2$.

11. $6 - 4x$, $6 + 4x$, $9 - 12x + 4x^2$ et $36 - 16x^2$.

12. $x^3 - 3x^2 + 3x - 1$, $x^2 - 2x + 1$ et $x - 1$.

13. $(3 - 2x)^2$, $9 - 4x^2$, $9 + 4x^2$ et $(3 + 2x)^2$.

14. $a^3 - 3a^2x + 3ax^2 - x^3$, $a^2x - 2ax^2 + x^3$ et $(a - x)x^2$.

15. $(x - 2)(x + 3)$, $(x + 3)(x - 4)$, $(x - 2)(x + 6)$, $(x - 4)(x - 6)$
    $(x + 3)(x + 6)$ et $(x - 2)(x + 3)(x - 6)$.

C. De monômes et polynômes.

Règle. Cherchez le *ppcm* des monômes, puis celui des polynômes; le produit des deux résultats sera le *ppcm* demandé.

Trouver le plus petit commun multiple des quantités suivantes :

1. ax^2, a^2x, $ax(x-a)$, $x(x^2-a^2)$, $(x+a)^2$ et $(x-a)^2$.

2. $12a^2b^2$, $8ab(a-b)$, $6a^2(a+b)$, $9a(a^2-b^2)$, ab^2 et a^2b.

3. $(a-x)^2$, ax^2, $4(a^2-x^2)$, $12a^2x^2$, $20(a+x)^2$ et $15a^2x$.

4. x^3+a^3, $4x^3$, x^3-a^3, $9a^3$, x^2-a^2, $12a^2x$, $(x+a)^2$ et $15ax^2$.

5. x^3-3x^2+3x-1, $4x^3$, $x+1^3$ 15, $(x^2-1)^3$ et $20x^2$.

6. $a(x^2+a^2)$, $6ax$, $x(x+a)^2$, $8a^2x$, $ax(x+a)$ et $12a^2x^2$.

R. *Transformation des fractions.*

A. *Simplification des fractions.*

Règle. Décomposez en facteurs le numérateur et le dénominateur et supprimez les facteurs communs aux deux termes.

FRACTIONS A SIMPLIFIER.

1. $\dfrac{a^2}{ab}$, $\quad \dfrac{abc}{a^2b^2c}$, $\quad \dfrac{3m^2np}{15mn^2p^2}$, $\quad \dfrac{8x^2y^3z^2}{12xy^2z^3}$, $\quad \dfrac{10xy^4z^6}{12x^3yz^5}$

2. $\dfrac{a^2}{ab+a^2}$, $\quad \dfrac{a^2b}{ab^2+a^2b}$, $\quad \dfrac{3a^2b^2}{10a^2b-5ab^2}$, $\quad \dfrac{4x^3y^3}{6x^4y^2-8x^2y^4}$.

3. $\dfrac{a^2-2ab}{ab}$, $\quad \dfrac{3a^2b-10ab^2}{15a^2b^2}$, $\quad \dfrac{12a^4+27a^3b}{16a^3b}$, $\quad \dfrac{16-12a^4}{12b^4}$.

4. $\dfrac{3a^2b+6ab^2}{6a^2b-3ab^2}$, $\quad \dfrac{12a^3b+20a^2b^2}{12a^2b^2+20a^3b}$, $\quad \dfrac{20a^2b^2x^3y-12ab^3x^2y^2}{20a^2b^2x^2y^2-12ab^3x^3y}$.

5. $\dfrac{6a^3-4a^2b}{9ab^2-6b^3}$, $\quad \dfrac{6ax^2y-15bxy^2}{8a^2bx-20ab^2y}$, $\quad \dfrac{5a^2x-10abx}{4aby-8b^2y}$.

6. $\dfrac{12a^4x^3-16a^3x^4+6a^2x^5}{6a^2b^2by^2-8ax^3by^2+3x^4by^2}$, $\quad \dfrac{20a^5b^3-28a^4bc^5+12a^2b^2c^4}{15a^3b^2c^3-21a^2c^6+9bc^7}$

7. $\dfrac{ac + bx + ax + bc}{ay + 2bx + 2ax + by}$, $\dfrac{xy^2 + zy^2 + 5x^3 + 5x^2z}{xz^2 + z^3 - 2zy^2 - 2zy^2}$.

8. $\dfrac{x^2 + (1 + x) xy + y^2}{x^3 + (1 - 5z^2) xy - 5x^3z^2}$, $\dfrac{xy (xy - 5z^2) - z (5x^3 - y^3)}{az (xz - 4y^2) - y (4x^3 - z^3)}$.

9. $\dfrac{x - y}{x^2 - y^2}$, $\dfrac{y^2 - 1}{xy + x}$, $\dfrac{2x + 1}{4x^2 - 1}$, $\dfrac{5x - 1}{9x^2 - 1}$.

10. $\dfrac{x^3 + 5x^2}{x^2 - 9}$, $\dfrac{y^3 - 2y^2}{4y^2 - 16}$, $\dfrac{a^2z - az}{a^2 - 1}$, $\dfrac{4z^2 + 2z}{12z^2 - 5}$.

11. $\dfrac{a^2 - b^2}{ac + bc}$, $\dfrac{a^2 - b^2}{a^2 + 2ab + b^2}$, $\dfrac{a^2 - b^2}{a^2 - 2ab + b^2}$.

12. $\dfrac{(x - a)^3}{x^3 - a^5}$, $\dfrac{(x + a)^3}{x^3 + a^3}$, $\dfrac{a^3 - x^3}{(x - a)^2}$, $\dfrac{(x - a)^5}{x^3 - a^2x}$.

B. *Réduction d'une fraction en une fraction équivalente, ayant un dénominateur*
  égal à un multiple du dénominateur de la fraction donnée.

Règle. Multipliez les deux termes de la fraction par un facteur qui
rende le dénominateur égal à ce multiple.

Ce multiplicateur s'obtient en divisant le multiple donné par le
dénominateur.

Lorsque la quantité donnée est entière, on peut d'abord lui donner
la forme fractionnaire en écrivant l'unité pour dénominateur; le
multiplicateur sera alors le multiple donné lui-même.

N. B. Dans les exercices proposés ci-après le multiple que l'on veut avoir
pour dénominateur est placé à la suite de la fraction ou de la quantité entière.

1. $\dfrac{5a}{4}$, $4b$; $\dfrac{2ax^2}{5}$, $12ay^2$; $\dfrac{ma^2x^3}{nby^2}$, $n^2abx^3y^2$.

2. $2ab$, $8a^2b^2$; $5a^3x$, $12a^2x^4$; $5bxy^2$, $20a^2b^2x^4y^4$.

5. $\dfrac{5x}{a + x}$, $a(a + x)$; $\dfrac{2xy}{a + b}$, $a^3 + a^2b$; $\dfrac{ax}{(a - x)^2}$, $2a(a - x)^3$.

4. $\dfrac{2a + b}{a - b}$, $a^2 - b^2$; $\dfrac{5a - 2b}{a + b}$, $9a^2 - 9b^2$; $\dfrac{4ab}{a^2 - b^2}$, $a^4 - b^4$.

5. $\dfrac{5ab}{a+b}$, $\quad 4a^4-4b^4$; $\qquad \dfrac{5a^2b}{a-b}$, $\quad 5a^4-5b^4$; $\qquad \dfrac{2ax}{a^3+b^3}$, $\quad a^6-b^6$.

6. $\dfrac{5a}{a+b}$, $\quad a^5+b^5$; $\qquad \dfrac{2b}{a-b}$, $\quad a^4-ab^5$; $\qquad \dfrac{5x}{x^2-x+1}$, $\quad 5x^3+5$.

7. $\dfrac{2x}{5x-y}$, $\quad 9x^2-y^2$, $\qquad \dfrac{5x+y}{4x+5y}$, $\quad 4x^2+5xy+y^2$, $\qquad \dfrac{6x^2}{x^2-y^2}$, $\quad x^6-y^6$.

C. *Réduction d'une expression mixte à la forme fractionnaire.*

RÈGLE. Multipliez la partie entière par le dénominateur de la partie fractionnaire; au produit ajoutez le numérateur avec son signe respectif, et donnez à la somme, prise pour numérateur, le dénominateur de la partie fractionnaire.

Lorsque la partie fractionnaire est précédée du signe *moins*, les signes de tous les termes du numérateur doivent être changés. Ainsi, si la fraction est $\dfrac{mx-ny+z}{x+y+z}$, il vient $\dfrac{-mx+ny-z}{x+y+z}$.

1. $a+\dfrac{b^2}{a}$, $\qquad 2+\dfrac{a}{x}$, $\qquad 5a-\dfrac{x^2}{2a}$, $\qquad 8x+\dfrac{y^2}{5x}$.

2. $4x+\dfrac{ax-y}{a}$, $\qquad a-x-\dfrac{x^2+a^2}{x+a}$, $\qquad x+y+\dfrac{x^2-2xy}{x+y}$.

3. $x^2-xy+y^2-\dfrac{x^3-y^3}{x+y}$, $\qquad x^2+xy+y^2+\dfrac{x^3+y^5}{x-y}$.

4. $x^2-y^2-\dfrac{x^4+y^4}{x^2+y^2}$, $\qquad x^3-x^2y+xy^2-y^3+\dfrac{x^4+y^4}{x+y}$.

5. $x+y-z+\dfrac{x^2+y^2+z^2}{x-y+z}$, $\qquad x-2y-\dfrac{x^2+xy-yz}{x+y+z}$.

6. $x^3+x^2y+xy^2+y^3-\dfrac{(2x^6-5y^6)(x^2+y^2)}{(x^2-y^2)(x^3-x^2y+xy^2-y^3)}$.

D. *Réduction d'une expression fractionnaire à la forme d'une quantité mixte.*

Règle. Divisez le numérateur par le dénominateur, le quotient sera la partie entière de l'expression demandée; la partie fractionnaire à ajouter aura pour dénominateur le dénominateur donné et pour numérateur le reste de la division pris avec son signe.

1. $\dfrac{a^2 + x^2}{x}$, $\quad\dfrac{4x - y}{x}$, $\quad\dfrac{2xy - x^2 + y^2}{x}$, $\quad\dfrac{4x^4 - 8x^2y^2}{4x^2}$.

2. $\dfrac{a^2 - b^2 + 2ab}{a + b}$, $\quad\dfrac{a^2 + 4b^2 + 5ab}{a + 2b}$, $\quad\dfrac{a^4 - 2b^4}{a^2 - b^2}$.

3. $\dfrac{a^3 - b^3 - 2a^2 + b^2}{a - b}$, $\quad\dfrac{a^3 + b^3 + 5a^2 - b^2}{a + b}$.

4. $\dfrac{4ab - 2a^2 - b^2}{2a - b}$, $\quad\dfrac{12a^3 - 3a^5}{4a^3 - a^2 - 4a + 1}$.

5. $\dfrac{12a^3 - 3a^2b - b^3}{2a^2 - b^2}$, $\quad\dfrac{12a^2b^2 - 6b^4 - 6a^4 + 2a^3b}{2b^2 - 3a^2}$.

E. *Réduction des fractions au même dénominateur.*

Règle. 1° Lorsque deux ou plusieurs des dénominateurs ont des facteurs communs, déterminez le plus petit multiple des dénominateurs de toutes les fractions, et convertissez celles-ci en d'autres fractions équivalentes ayant ce multiple pour dénominateur.

2° Lorsque les dénominateurs sont premiers entre eux, convertissez les fractions en d'autres équivalentes ayant toutes pour dénominateur le produit des dénominateurs ceux des fractions proposées.

Fractions à réduire au même dénominateur.

1. Formez, pour les réduire au même dénominateur, des fractions ayant pour dénominateur les quantités proposées ci-dessus (*litt.* Q, A, page 67) dans chaque partie de numéro; donnez leur pour numérateur ou l'unité, ou la somme du coefficient et de la partie littérale du dénominateur, ou bien la différence des mêmes quantités.

2. Prenez pour dénominateurs les binômes ou polynômes donnés ci-dessus (*litt.* **Q,** B, page 68) et pour numérateurs les dénominateurs eux-mêmes en changeant les signes qui suivent le premier terme.

3. Prenez pour dénominateurs les quantités proposées ci-dessus (*litt.* **Q,** C, page 69) dans chaque numéro; formez le numérateur, pour les monômes, avec l'unité, pour les polynômes comme au n° 2 ci-dessus.

4. Réduire les fractions précédentes au même numérateur.

5. Transformer les fractions précédentes en d'autres équivalentes, telles que le numérateur de l'une soit égal au denominateur de l'autre.

8. *Addition et soustraction des fractions.*

RÈGLE. Réduisez les fractions au même dénominateur; leur *somme* sera une nouvelle fraction ayant pour numérateur, la somme des numérateurs des fractions transformées, et pour dénominateur, le dénominateur commun. La *différence* aura le même dénominateur commun, et pour numérateur la différence des numérateurs transformés.

Exercices.

1. Faire la somme et la différence des fractions formées d'après les n°ˢ 1, 2 et 3 (*litt.* **R,** E, ci-dessus, page 72).

2. Faire la somme des fractions ayant pour numérateurs les binômes ou polynômes donnés ci-dessus dans chaque numéro ou partie de numéro (*litt.* **Q,** B, page 68) et pour dénominateurs les mêmes quantités avec un signe contraire pour les termes de rang pair.

3. Exercices analogues aux précédents (n° 2) 1° en donnant l'unité pour numérateur aux monômes pris comme dénominateurs; 2° en conservant les monômes comme parties entières.

Exercices sur l'addition et la soustraction des fractions.

1. $\dfrac{x}{b} - 1 - \dfrac{x}{a} + \dfrac{c}{b},$ $\quad \dfrac{x}{b} - c - \left(d - \dfrac{x}{a} \right).$

2. $\dfrac{x-a}{b} - \dfrac{b-x}{a} - c,$ $\quad \dfrac{x}{a} - \dfrac{x-a}{b} + d - c.$

3. $\quad x - \dfrac{a-x}{b} + \dfrac{b-x}{c} - d, \qquad \dfrac{a-x}{c} - \dfrac{b-x}{a} - (c-d).$

4. $\quad \dfrac{x-a}{b} - \dfrac{b-x}{c} - \dfrac{a-d}{c}, \qquad \dfrac{x+b^2}{a} - \dfrac{a^2-x}{b} - (a-b).$

5. $\quad \dfrac{ax-b^2}{c} - \dfrac{bx-ac}{b} - a, \qquad \dfrac{ax-b}{c} - \dfrac{bx+c}{a} - abc.$

6. $\quad \dfrac{b-ax}{c} - \dfrac{cx+b}{a} - b, \qquad \dfrac{bx-c}{a} - \dfrac{ax-b}{c} - \dfrac{a}{b}.$

7. $\quad \dfrac{x-a^2}{b} - \dfrac{x-b^2}{a} - \dfrac{a^2-x}{c} - (c-b).$

8. $\quad \dfrac{a-x}{b} - \dfrac{b-x}{a} - \dfrac{x-c}{c} - (a^2-b).$

9. $\quad \dfrac{a-x}{b} - \dfrac{a-x}{c} + \dfrac{a-x}{a} - \dfrac{b-x}{c} - \dfrac{a-c}{b}.$

10. $\quad \dfrac{a^2-x}{b} - \dfrac{b^2-x}{c} + \dfrac{c^2-x}{a} + \dfrac{a^2+x}{a} - \dfrac{a^2-c^2}{b}.$

11. $\quad \dfrac{bx-c^2}{a} - \dfrac{ax-b^2}{c} - \dfrac{a^3}{bc} - x.$

12. $\quad \dfrac{x-a}{c} - \dfrac{a-x}{b} - \dfrac{c+x}{a} - \dfrac{a-b}{a} + \dfrac{b-x}{a}.$

13. $\quad \dfrac{ab+x}{b^2} - \dfrac{b^2-x}{a^2b} - \dfrac{x-b}{a^2} + \dfrac{ab-x}{b^2}.$

14. $\quad \dfrac{3a-7x}{2a-3b} + \dfrac{2a-3x}{5b} - \dfrac{2b}{5a} - 1 - \dfrac{5a-2b}{5a} + \dfrac{x}{b}.$

15. $\quad \dfrac{c^2-2cx+4x^2}{5x} - \dfrac{a^2-3ax}{2b} - b - \dfrac{8bx+9ax}{6b}.$

16. $\quad \dfrac{3ab-5bx+4x^2}{4bx} - \dfrac{2b^2}{3ax} - \dfrac{3bc+ax}{ab} - \dfrac{5a}{3x}.$

17. $\dfrac{a^2 + 8ax - 7x^2}{5x} - \dfrac{b^2 - 2ax}{5b} + \dfrac{24bx - 10ax}{15b} - 2a.$

18. $\dfrac{5b + 4x}{9a} - \dfrac{7a - 5x}{6b} + 2 - \dfrac{5cx}{ab} - \dfrac{a - 7x}{12b} + \dfrac{b}{4a} -$

$$- \dfrac{25x - 19a^2}{18b} + \dfrac{5cx - 5ab - b^2}{2ab}.$$

19. $\dfrac{2b^2c}{d} - \dfrac{(5cd - 5b^2)\,ax}{bc^2d} - \dfrac{2adx}{c^2} + \dfrac{5bc^2}{d^2} - \dfrac{5abx}{c^2d}.$

20. $\dfrac{5ab - 4a^2}{9b^2}x + 3a - \dfrac{11a - 8b}{4b - 5a}x + \dfrac{4a - 5c}{5b}a - \dfrac{5a\,(a^2 - bc)}{3b^2} +$

$$+ \dfrac{(7a - 5b)\,x}{4b - 5a}.$$

21. $\dfrac{5bx}{2a - 5b} - \dfrac{11x}{18a + 12b} + \dfrac{3a\,(2a - 5b)}{9a^2 - 4b^2} - \dfrac{9ab}{5a - 4b} - \dfrac{x}{18a - 12b}.$

22. $\dfrac{bx}{2b - a} - \dfrac{5bc + ad}{2ab\,(a+b)}x - \dfrac{5ab}{5c - d} - \dfrac{5bc - ad}{2ab\,(a-b)}x + \dfrac{5a\,(2b - a)}{a^2 - b^2}.$

23. $\dfrac{5abc}{a + b} + \dfrac{a^2b^2}{(a+b)^3} + \dfrac{(2a + b)\,b^2x}{a\,(a+b)^2} - \left(5c + \dfrac{b}{a}\right)x.$

24. $\dfrac{10ac^2}{5a - 2c} + \dfrac{6a^2x\,(c - 2a)}{(5a - 2c)^2} - \left(5c + \dfrac{a^2}{c}\right)x - \dfrac{2a^3(9a^2 - 2c^2)}{(5a - 2c)^3}.$

25. $\dfrac{x}{xy + y^2} - \dfrac{y^2}{x^3 - xy^2} + \dfrac{y}{x^2 - xy} - \dfrac{x^2 - xy + y^2}{x^2y - y^3}.$

26. $\dfrac{b}{a^2 - ab} + \dfrac{a}{ab + b^2} - \dfrac{a^2}{a^2b - b^3} - \dfrac{b^2 + ab - a^2}{a^3 - ab^2}.$

T. *Multiplication des fractions.*

A. *Une fraction par une quantité entière.*

Règle. Multipliez le numérateur ou divisez le dénominateur par la quantité entière. Ou bien, en supposant à la quantité entière l'unité pour dénominateur, appliquez la règle énoncée ci-dessous.

B. *Une fraction par une fraction.*

Règle. Multipliez les numérateurs entre eux pour le numérateur du produit; multipliez les dénominateurs entre eux pour le dénominateur du produit; simplifiez la fraction résultante s'il y a lieu.

Si l'un ou l'autre des deux facteurs est une expression mixte, réduisez-la d'abord en quantité fractionnaire.

Autre règle. Transformez les fractions en deux autres fractions équivalentes telles que le numérateur de l'une soit égal au dénominateur de l'autre; le numérateur et le dénominateur inégaux formeront les termes du produit.

Tableau des facteurs, pour les produits indiqués ci-après.

	A	B	C	D	E
1.	$7ab$	$3ax$	$x+y$	$x-y$	a^2+b^2
2.	$2bc^2$	$5b^2y$	$a-b$	$a+b$	a^2-x^2
3.	$\dfrac{a}{b}$	$\dfrac{2a}{c}$	$\dfrac{a+c}{a+d}$	$\dfrac{a^2-c^2}{b^2+d^2}$	$\dfrac{a^3}{a^3-c^3}$
4.	$\dfrac{c}{d}$	$\dfrac{2c}{d}$	$\dfrac{a+d}{a-c}$	$\dfrac{a^2-d^2}{b^2+c^2}$	$\dfrac{b^3}{a^3-d^3}$
5.	$\dfrac{2a}{3b}$	$\dfrac{a+b}{a-b}$	$\dfrac{a-b}{a+b}$	$\dfrac{a^3-b^3}{a^3+b^3}$	$a+\dfrac{b^2}{a-b}$
6.	$\dfrac{4b^2}{5a^2}$	$\dfrac{a^2+b^2}{a^2-b^2}$	$\dfrac{a^2-b^2}{a^2+b^2}$	$\dfrac{(a-b)^3}{a^3+b^3}$	$b+\dfrac{a^2}{a+b}$
7.	$\dfrac{3ax}{5by}$	$\dfrac{ax+ay}{bx-by}$	$\dfrac{x^2-xy}{b(x+y)}$	$\dfrac{xy^2-x^2y}{x^2y+xy^2}$	$a+\dfrac{b^3}{a^2-b^2}$
8.	$\dfrac{5a^2y}{4b^2x}$	$\dfrac{3a+b}{2b-a}$	$\dfrac{3a-b}{2b+a}$	$\dfrac{a^2b+ab^2}{a^3-b^3}$	$ab-\dfrac{b^4}{a^2-b^2}$
9.	$\dfrac{3a^2b^2}{8xy^3}$	$\dfrac{a-b}{x-y}$	$\dfrac{b(a-b)}{a(x+y)}$	$\dfrac{ab^2+a^2b}{xy^2-x^2y}$	$ax-\dfrac{x^4}{a^2-x^2}$
10.	$\dfrac{4a^3x^2}{9b^2y^3}$	$\dfrac{a+x}{b+y}$	$\dfrac{a+x}{b-y}$	$\dfrac{ax^2+a^2x}{by^2+b^2y}$	$b^2-\dfrac{a^2x^2}{b^2-y^2}$

Produits à former (voir *litt.* **E, 1ʳᵉ** section).

1. A.A,   A²,   A.A.A,   A².A,   2A.A.

2. Mêmes produits à former en changeant A en B, C, D ou E.

3. B.A,   C.A,   D.A,   E.A;   B.B,   B²,   C.B,   D.B,   E.B.

4. C.C,   C²,   D.C,   E.C;   D.D,   D²,   E.D;   E.E,   E².

5. C.B.B,   D.B.B,   E.B.B;   D.C.C,   E.C.C,   E.D.D.

6. C.C.B,   D.D.B,   E.E.B;   C.D.B,   C.E.B,   D.E.B.

7. C.C.C,   D.D.C,   D.E.C;   D.D.D,   D.D.E,   E.E.C,   E.E.D.

8. (A + B).B,   (A + B).C,   (A + B).D,   (A + B).E.

9. Mêmes produits qu'au n° 9 en avançant les lettres A, B et C d'un ou de deux rangs dans l'ordre alphabétique.

U. *Division des fractions algébriques.*

A. *Fraction par quantité entière.*

Règle. Divisez le numérateur de la fraction ou multipliez son dénominateur par le diviseur donné.

Si le dividende est une quantité mixte, on lui donnera d'abord la forme fractionnaire.

B. *Fraction par fraction.*

Règle. Divisez le numérateur par le numérateur et le dénominateur par le dénominateur ou bien multipliez la fraction dividende par la fraction devenu renversée.

2ᵐᵉ Règle. Réduisez les deux fractions au même dénominateur; le quotient aura pour numérateur, le numérateur de la première fraction réduite, et pour dénominateur, le numérateur de la seconde.

Divisions à effectuer.

Dans les exercices indiqués ci-dessus *litt.* **T,** changez le signe *multiplié par* en *divisé par,* effectuez les divisions et simplifiez s'il y a lieu. *Ex.* B.A devient B:A, D.E.C devient D:E:C.

V. *Simplification de quelques expressions.*

1.
$$\dfrac{\dfrac{2}{x-2}-\dfrac{1}{x-3}}{\dfrac{2}{x-4}-\dfrac{1}{x-3}}, \quad \dfrac{\dfrac{2}{x+2}-\dfrac{1}{x+3}}{\dfrac{2}{x+4}-\dfrac{1}{x+5}}, \quad \dfrac{\dfrac{2}{x+4}+\dfrac{1}{x-5}}{\dfrac{7}{x+5}-\dfrac{6}{x+4}}.$$

2.
$$\dfrac{\dfrac{5}{x+3}-\dfrac{4}{2x+3}}{\dfrac{1}{5(x-3)}+\dfrac{4}{5(2x+5)}}, \quad \dfrac{\dfrac{40}{4x-5}-\dfrac{41}{5x-4}}{\dfrac{27}{2x-5}-\dfrac{36}{4x-5}}, \quad \dfrac{\dfrac{x^2+1}{2x-1}-\dfrac{x}{2}}{\dfrac{2x+x^2}{1-2x}}.$$

3.
$$\dfrac{\dfrac{a}{a+b}+\dfrac{b}{a-b}}{\dfrac{a}{a-b}-\dfrac{b}{a+b}}, \quad \dfrac{\dfrac{x+a}{x-a}-\dfrac{x-a}{x+a}}{\dfrac{2b}{x+2a}-\dfrac{b}{x+a}}, \quad \dfrac{\dfrac{x^2+ax}{ax-a^2}+\dfrac{x^2-ax}{ax+a^2}}{\dfrac{ax-3a^2}{x^2+2ax}+\dfrac{2a^2}{x^2+ax}}.$$

4.
$$\dfrac{\dfrac{19}{x-3}-\dfrac{120}{x-5}+\dfrac{125}{x-7}}{\dfrac{25}{x-7}-\dfrac{48}{x+3}+\dfrac{95}{x+5}}, \quad \dfrac{\dfrac{5x-7}{x+3}-\dfrac{3x-5}{x+5}-\dfrac{2x-3}{x+7}}{\dfrac{54}{x+7}+\dfrac{25}{x+5}+\dfrac{16}{x-3}}.$$

5.
$$\dfrac{\dfrac{2}{x+2}-\dfrac{1}{x+1}}{\dfrac{x+3}{10(x^2+1)}+\dfrac{2}{5(x+2)}-\dfrac{1}{2(x+1)}}, \quad \dfrac{\left(a-\dfrac{b^2}{a}\right)\left(b-\dfrac{a^2+b^2}{a+b}\right)}{\dfrac{ab}{a^2+b^2}-\dfrac{1}{2}}.$$

6.
$$\dfrac{\dfrac{-2}{x+2}+\dfrac{21}{2(x+5)}-\dfrac{1}{6(x+1)}-\dfrac{25}{5(x+4)}}{\dfrac{25}{6(x+1)}-\dfrac{28}{x+2}+\dfrac{99}{2(x+5)}+\dfrac{a\,77}{3(x+4)}}-1+\dfrac{52}{5(3x-2)}+\dfrac{78}{5(3-2x)}.$$

7.
$$\dfrac{\dfrac{a+b}{a-b}+\dfrac{a}{b}-\dfrac{b}{a}}{\dfrac{1}{ab}-\dfrac{1}{b^2}-\dfrac{1}{a^2}}\times\dfrac{\dfrac{a-b}{a+b}-\dfrac{a}{b}+\dfrac{b}{a}}{a+b-\dfrac{ab}{a+b}}\times\dfrac{\dfrac{a-x}{a+x}-\dfrac{a+x}{a-x}}{\dfrac{2a}{a+x}\cdot\dfrac{2x}{a-x}}.$$

8.
$$\left\{\dfrac{\dfrac{4ab}{a+b}+2a}{\dfrac{4ab}{a+b}-2a}-\dfrac{2b+\dfrac{4ab}{a+b}}{2b-\dfrac{4ab}{a+b}}\right\}\times\left\{\dfrac{\dfrac{a+b}{a-b}-\dfrac{a-b}{a+b}}{\dfrac{2a}{a+b}\times\dfrac{2b}{a-b}}\right\}.$$

V'. Substituer à x dans les expressions (1-24) données pages 75, 74 et 75, respectivement les valeurs qui suivent et simplifier les résultats.

1) $\dfrac{a(b-c)}{a-b}$, $\quad ab\dfrac{c+d}{a+b}$. $\qquad$ 2) $\dfrac{a^2+b^2+abc}{a+b}$, $\quad \dfrac{a(a-bc+bd)}{a-b}$.

3) $\dfrac{ac-b^2+bcd}{c-b+bc}$, $\quad \dfrac{a^2-bc-ac^2+acd}{a-c}$. $\qquad$ 4) $\dfrac{b(b-d)}{b+c}+a$, $\quad a^2-b^2$.

5) $\dfrac{ac(b-c)+b^3}{b(a-c)}$, $\quad \dfrac{ab(ac^2+1)+c^2}{a^2-bc}$. $\quad$ 6) $\dfrac{b(a-c)-abc}{a^2+c^2}$, $\quad \dfrac{a^2c+bc^2-ab^2}{b(bc-a^2)}$

7) $\dfrac{a^3(b+c)+abc(c-b)-b^3c}{a(b+c)-bc}$. $\qquad$ 8) $\dfrac{abc(1+b-a^2)+c(a^2-b^2)}{a(b+c)-bc}$.

9) $\dfrac{ab(a+b)-ac(b+c)}{2ab-c(a+b)}$. $\qquad$ 10) $\dfrac{a(b^3-c^3)-bc(c^2+a^2)}{a(b-c)}$.

11) $\dfrac{a^4-ab^3+bc^3}{b^2c-a^2b-abc}$. $\qquad$ 12) $\dfrac{-a^2b+a^2c+bc^2+abc-2b^2c}{ab+ac-2bc}$.

13) $\dfrac{2a^3}{b-1}$. $\quad$ 14) $\dfrac{4a^2-7ab+24b^2}{41b-4a}$. $\quad$ 15) $\dfrac{2bc^2}{3a^2+6b^2+4bc}$.

16) $\dfrac{-(11a^2+8b^2)}{15a+36c}$. $\quad$ 17) $\dfrac{3a^2}{6a+5b}$. $\quad$ 18) $\dfrac{7a^2-18ab-11b^2}{5a+16b-18c}$.

19) $\dfrac{b^2c^3}{ad^2}$. $\qquad$ 20) $\dfrac{3a(5a-4b)}{5b-4a}$. $\quad$ 21) $\dfrac{3a(2a-3b)}{5a-4b}$

22) $\dfrac{3a(2b-a)}{3c-d}$. $\quad$ 23) $\dfrac{ab}{a+b}$. $\quad$ 24) $\dfrac{2ac}{3a-2c}$.

W. *Résolution des équations littérales.*

A. *Équations à une inconnue.*

Règle. Pour résoudre une équation à une seule inconnue et du premier degré, on réduit tous les termes au même dénominateur, (*litt.* **R**, E, page 72), puis on supprime ce dénominateur. On rassemble ensuite dans un membre tous les termes qui contiennent l'inconnue, et dans l'autre ceux qui en sont indépendants. On effectue alors, autant qu'il est possible, les additions et les soustractions indiquées dans chacun des membres, et l'on divise la valeur de celui qui ne renferme pas l'inconnue par le coefficient de cette quantité.

Équations à résoudre.

Égaler à zéro les expressions 1-24, données ci-dessus (*litt.* **S**, page 75) et résoudre les équations qui en résultent.

N. B. Pour les solutions, voir *litt.* **V'**, page 79.

B. *Équations à deux inconnues.*

Règle. On réduit d'adord les deux équations respectivement à la forme :
$$ax + by = k, \quad a'x + b'y = k';$$
puis on applique l'une des trois méthodes d'élimination qui suivent :

1° Méthode d'élimination par substitution.

Cette méthode consiste à résoudre l'une des équations par rapport à une inconnue et à substituer la valeur de cette quantité dans l'autre équation, qui alors ne contient plus qu'une inconnue.

2° Méthode d'élimination par comparaison.

Elle consiste à prendre la valeur d'une même inconnue dans chaque équation et à les égaler entre elles ; on obtiendra une équation à une seule inconnue.

3° Méthode d'élimination par réduction au même coefficient ou par addition et soustraction.

Pour éliminer y, par exemple, on multiplie les deux membres de la première équation par le coefficient de y dans la seconde, et *vice versa* ; puis on ajoute ou on retranche membre à membre les deux nouvelles équations, suivant que les coefficients égaux de y sont de signes contraires ou de mêmes signes.

Quand cela est possible, on détermine le plus petit multiple des coefficients de y ; on le divise par chacun des coefficients de cette inconnue, et on multiplie les deux membres de chaque équation par le quotient qui lui correspond ; le reste s'achève comme précédemment.

ÉQUATIONS A RÉSOUDRE.

N. B. Les valeurs des inconnus x et y sont données après le n° 6 ci-après.

1.

$$1\begin{cases} x+y=2a \\ x-y=2b \end{cases} \quad 2\begin{cases} ax-by=a^2+b^2 \\ bx+ay=a^2+b^2 \end{cases} \quad 3\begin{cases} (a-b)(x-a)=by \\ (a+b)(y+b)=ax. \end{cases}$$

2.

$$1\begin{cases} x+y=4(a+b) \\ x-y=2(a-b) \end{cases} \quad 2\begin{cases} ax-by=3(a^2-b^2) \\ bx-ay=b^2-a^2 \end{cases} \quad 3\begin{cases} b(x-b)=a(y-a) \\ (3b+a)x=(3a+b)y. \end{cases}$$

$$4\begin{cases} \dfrac{x-3a}{y-3b}=\dfrac{b}{a} \\[2mm] \dfrac{x-y}{x-4b}=\dfrac{2}{3} \end{cases} \quad 5\begin{cases} \dfrac{2x-a}{3a+2b}=\dfrac{2y+b}{7b+2a} \\[2mm] \dfrac{2x+y}{7a+3b}=\dfrac{2y+a}{6b+3a} \end{cases} \quad 6\begin{cases} \dfrac{ax-by}{bx-ay}=-3 \\[2mm] \dfrac{x-2a}{a+b}=\dfrac{y-4b}{a-b}. \end{cases}$$

3.

$$1\begin{cases} \dfrac{x+2ab}{a+b}+\dfrac{x-2y}{a-b}=2a \\[3mm] \dfrac{x-2b^2}{a-b}+\dfrac{y+a^2}{a+b}=b+2a \end{cases} \quad 2\begin{cases} \dfrac{ax-by}{a^3}+\dfrac{bx-ay}{b^3}=2 \\[3mm] \dfrac{x-a^2}{b^2}-\dfrac{x-b^2}{a^2}=\dfrac{y-ab}{a-b}. \end{cases}$$

4.

$$1\begin{cases} \dfrac{x}{a+b}-\dfrac{x-a^3}{b}=a^2-y \\[3mm] \dfrac{x-2b^3}{a-b}-\dfrac{x-b^3}{a}=b^2+y \end{cases} \quad 2\begin{cases} \dfrac{ax-b^2y}{a^2y-bx}=-\dfrac{a^4}{b^4} \\[3mm] \dfrac{ax}{a^3+b^3}-\dfrac{y}{ab}=a-1. \end{cases}$$

5.

$$1\begin{cases} \dfrac{ax+by}{a+b}+\dfrac{bx-ay}{a-b}=a^2+b^2 \\[3mm] \dfrac{ax-b^3}{a-b}-\dfrac{by+a^3}{a+b}=2ab \end{cases} \quad 2\begin{cases} \dfrac{a^2y-b^2x}{a^2+b^2}+\dfrac{x-y}{a-b}=a+b \\[3mm] \dfrac{a^2y-b^2x}{a^2-b^2}+\dfrac{x-y}{a+b}=a-b. \end{cases}$$

6.

$$1\begin{cases} a\dfrac{x-c}{a+b}+b\dfrac{y-c}{a-b}=a+b \\[3mm] b\dfrac{x-a}{b+c}-a\dfrac{y-a}{b-c}=b-a \end{cases} \quad 2\begin{cases} b\dfrac{x+y}{a+c}+a\dfrac{x-y}{2b}=2b+a \\[3mm] b\dfrac{x-b}{a+c}+c\dfrac{y-c}{a-b}=b+c. \end{cases}$$

Valeurs des inconnues. 1) $a+b$ et $a-b$; 2) $3a+b$ et $3b+a$; 3) a^2+b^2 et ab; 4) a^3+b^3 et ab; 5) a^2 et b^2; 6) $a+b+c$ et $a-b+c$.

X. *Équations à trois inconnues à résoudre.*

1.
$$1)\ \frac{x}{a^2} + \frac{y}{b^2} = 2$$
$$\frac{y}{b^2} + \frac{z}{c^2} = 2$$
$$\frac{x}{a^2} + \frac{z}{c^2} = 2.$$

$$2)\ \frac{x-a^2}{b^2} = \frac{y-b^2}{a^2}$$
$$\frac{c(x-ab)}{a-b} = \frac{a(z-bc)}{b-c}$$
$$\frac{y+a^2}{b^2+a^2} = \frac{z+b^2}{b^2+c^2}.$$

$$3)\ \frac{x-y}{a-b} = \frac{x}{a} + \frac{y}{b}$$
$$\frac{y-z}{b+c} = \frac{y}{b} - \frac{z}{c}$$
$$\frac{x}{a^2} - \frac{y}{b^2} = \frac{z-c^2}{ab}.$$

2.
$$1)\ \frac{x-b^2}{a+b} + \frac{y-c^2}{b-c} = a+c$$
$$\frac{x-a^2}{a+c} + \frac{z-b^2}{c-b} = c+b$$
$$\frac{y-a^2}{b-a} + \frac{z-a^2}{c+a} = b+c.$$

$$2)\ \frac{ax-by}{a-b} = x+y+ab$$
$$\frac{by+cz}{c+b} = y+z-bc$$
$$\frac{bx+ay}{a+b} - \frac{bz-cy}{b-c} = b\frac{x-z}{a-c}.$$

3.
$$1)\ \frac{x+b}{a+c} + \frac{y+c}{a+b} + \frac{z-a}{b+c} = \frac{x+y}{2a}$$
$$\frac{x-c}{a-b} + \frac{z+b}{a-c} - \frac{y-a}{b-c} = \frac{y-z}{2b}$$
$$a\frac{x-a}{b-c} + b\frac{y-b}{a-c} = c\frac{z+c}{b-a} - z.$$

$$2)\ \frac{x-y}{x+z} = \frac{c-b}{a-b}$$
$$\frac{y-z}{y+x} = \frac{b}{a}$$
$$\frac{x-a}{y+z} = \frac{c-b}{2(a-c)}.$$

4.
$$1)\ \frac{x+y}{a} + \frac{x+z}{a-b} - \frac{y+z}{a-c} = 2\frac{x-a}{c-b}$$
$$\frac{x-y}{c-b} + \frac{x-z}{c} - \frac{y-z}{b} = 2\frac{y-b}{a-c}$$
$$\frac{x+y-z}{a+b+c} = \frac{ax+by-cz}{a^2+b^2-c^2}.$$

$$2)\ \frac{(x-a)(a+b)}{(y-c)(c-b)} = 1$$
$$\frac{(y-b)(a-b)}{(z+c)(a-c)} = 1$$
$$\frac{(z+b)(a+c)}{(x+b)(a-c)} = 1.$$

Valeurs des inconnues x, y et z. 1 et 2) a^2, b^2 et c^2; 5 et 4) $a-b+c$, $a+b-c$ et $a-b-c$.

V. *Problèmes à résoudre.*

A. *A une inconnue.*

N. B. Voir page 49, 2°, 1 et 2.

1. A et B se sont partagé une somme d'argent; A en a eu la m^{me} partie et a fr., B la n^{me} partie et b fr.; les parts ayant été égales, quelle était la somme à partager.

2. Un ouvrier s'est engagé pour a fr. par an; plus le loyer de sa maison; au bout de m mois il résilie son engagement, on lui donne b fr. avec la jouissance de sa maison jusqu'au bout de l'année; quel est le prix du loyer de cette dernière?

3. B a plusieurs pièces de trois espèces de marchandise; m fois autant de la seconde et n fois autant de la troisième espèce que de la *première*; il vend la p^{me} partie de la seconde, la q^{me} partie de la troisième et a pièces de la troisième espèce, il lui reste alors c pièces; combien en avait-il de chaque espèce?

4. La longueur d'un des côtés d'un rectangle est de a mètres; si l'on augmente *le second* côté de b mètres, le rectangle sera augmenté de c mètres carrés de plus que de la n^{me} partie; quelle est la longueur du deuxième côté?

5. Cinq points A, B, C, D, E sont situés sur une ligne droite. La distance AB vaut a mètres, BC en vaut b et CD c. La distance AE est égale aux distances BE, CE et DE prises ensemble; que valent ces distances?

6. Trois vases A, B et C contiennent de l'eau. A contient la m^{me} partie et B la n^{me} partie du contenu du *troisième*. Verse-t-on le contenu du vase B, supposé plein, dans A supposé vide, il restera encore a litres dans B; quelle est la capacité de chaque vase?

7. L'âge de A vaut m fois celui de B; dans a années A aura n fois l'*âge de* B; quel est l'âge de chacun?

8. Quatre personnes comptent respectivement a, b, c et d années. Dans combien d'années l'âge de la première vaudra-t-il n fois les âges réunis des trois autres?

9. A et B doivent se partager s fr., prix d'un travail qu'ils ont fait ensemble. Le premier y a employé a et le second b jours. Le salaire de B est n fois aussi grand que *celui de* A ; comment partager la somme ?

10. Sur n pièces d'étoffe, on en a vendu une partie avec a fr. de bénéfice par pièce. La vente du reste s'est faite avec b fr. de perte par pièce ; ce qui réduit le gain total à c fr. Combien avait-on vendu de pièces d'abord ?

11. On a acheté n mètres de trois espèces d'étoffe aux prix de a, b et c fr. par mètre ; de chaque espèce on a acheté pour la même somme ; combien en a-t-on acheté ?

12. A possède en magasin deux espèces d'étoffe mesurant ensemble n mètres. En vendant le mètre de la première espèce a fr. et celui de la seconde b fr., il en retirerait un prix inférieur de d fr. à celui qu'il en obtiendrait s'il vendait le tout à c fr. le mètre ; combien y a-t-il de mètres de chaque espèce ?

13. B a plusieurs pièces de draps, dont les longueurs sont entre elles comme les nombres a, b, c et d. De la *première* il vend a' mètres, puis b' mètres de la seconde, c' de la troisième et d' de la quatrième. L'ensemble des mètres qui restent est au nombre total des mètres qu'il avait comme n à m ; quelle était la longueur de chaque pièce ?

14. A perd la m^{me} partie de son avoir et a fr. ; il lui reste alors autant de pièces d'une valeur de b fr. qu'il en avait d'abord d'une valeur de c fr. ; combien avait-il d'abord ?

15. A et B se mettent ensemble au jeu, le premier avec a, le second avec b fr. ; après le jeu A possède m fois *la somme qui reste à* B ; combien ce dernier a-t-il perdu ?

16. Combien de pièces de monnaie d'un poids p' contenant a' de fin doit on prendre avec m pièces de monnaie du poids p contenant a de fin ; pour que l'alliage contienne c de fin ?

17. s et s'' sont les poids spécifiques de deux corps qui entrent dans un mélange dont le poids spécifique est s', combien de grammes de chacun de ces corps y a-t-il dans n grammes du mélange ?

18. Calculer le poids spécifique d'un corps qui pèse respectivement p et p' grammes dans deux liquides qui ont s et s' pour poids spécifiques.

19. On a partagé une somme s entre quatre personnes A, B, C et D. A devait recevoir la m^{me} partie de *la part de* B moins a fr.; les parts de C et A devaient être entre eux comme p et n, et D devait recevoir d fr. de moins que les trois autres ensemble; comment s'est fait le partage?

20. Une somme a été partagé entre A, B et C. A a reçu a fr. de plus qu'un m^{me}; B, b fr. de plus qu'un n^{me} du reste, et C le second reste qui vaut c fr. de moins qu'un p^{me} de toute la somme; calculer celle-ci.

21. m pièces d'étoffe ont été vendues avec un bénéfice de p. $^o/_o$ pour a fr.; quel est le prix d'achat de n pièces?

22. La m^{me} partie d'un capital placé à intérêt simple à p $^o/_o$ a produit au bout de n années un intérêt inférieur de a fr. à celui qu'a donné en n' années le reste placé à p' $^o/_o$; quel est ce capital?

23. A place a fr. à m p. $^o/_o$; t années plus tard B place b fr. à n p. $^o/_o$. Après combien d'années, comptées à partir du premier placement, les intérêts produits par les deux capitaux seront-ils égaux?

24. Un capital a été placé à intérêt simple à i p. $^o/_o$; m années plus tard un deuxième capital supérieur au premier de a fr. a été placé à i' p. $^o/_o$; n années après le premier placement les intérêts de celui-ci l'emportent de b fr. sur ceux du second; quel est le premier capital placé?

25. Vendue a fr. une pièce d'étoffe a donné un bénéfice de m p. $^o/_o$; qu'aurait-on gagné en vendant cette pièce b fr.?

26. B achète plusieurs pièces d'étoffe et paye a fr. pour le tout. Il en vend d'abord n pièces au-dessus de la m^{me} partie avec un bénéfice de p $^o/_o$; puis le reste à un prix tel qu'il gagne en tout p' $^o/_o$. S'il avait vendu le tout à ce dernier prix il aurait gagné p'' $^o/_o$; combien avait-il acheté de pièces?

27. Une somme doit être payée dans m mois. On convient d'en payer d'abord a_1 fr. dans m_1 mois; puis a_2 fr. m_2 mois plus tard, et le reste m_3 mois après; quelle est cette somme?

28. Un bassin peut être rempli par trois tubes : par le premier en a_1 heures, par le second en a_2 et par le troisième en a_3 heures. En combien de temps le bassin vide sera-t-il rempli si l'eau arrive par les trois tubes à la fois?

29. Un réservoir reçoit de l'eau par deux tubes dont le second donne dans le même temps n fois autant d'eau que le premier. Le réservoir vide est rempli si l'on laisse ouverts les deux tubes, le premier pendant b et le second pendant b' heures; en combien de temps serait-il rempli si l'eau arrivait par les deux tubes à la fois?

30. Un négociant doit les sommes suivantes : a fr. payables dans m mois; b fr. payables dans n mois; a' fr. payables dans m' et b' dans n' mois; il désire payer ces quatre sommes en une fois; quand le fera-t-il sans gain ni perte?

31. A doit payer a fr. au bout de n années. Le créancier ayant besoin d'argent, A lui donne b fr. et convient de s'acquitter du reste en trois payements égaux à des intervalles égaux; quand devra avoir lieu le premier payement.

32. Un négociant augmente annuellement son avoir d'un m^{me} et prélève tous les ans a fr. pour son entretien. Après 2 ans il trouve qu'après le prélèvement des a fr., l'accroissement de son avoir est supérieur de b fr. à la m^{me} partie de ce qu'il avait avant ce temps; qu'avait-il il y a deux ans?

33. A place dans une spéculation commerciale un certain capital. La première année il fait un bénéfice de a p. % qu'il ajoute à son capital. Avec ce nouveau capital il gagne encore a p. % et ajoute de nouveau son bénéfice à son capital; il perd la troisième année b fr., ce qui réduit à c fr. le bénéfice qu'il a fait durant les trois années; quel était son capital primitif?

34. Un négociant place un capital dans le commerce; la première année ce capital s'accroît d'un m^{me}; le bénéfice étant réuni au capital pour la seconde année, l'une des moitiés du nouveau capital donne un bénéfice de a p. % et l'autre donne b p. %; la troisième année le

bénéfice est de *c* fr. de sorte que le négociant se trouve avoir *n* fois son capital primitif. A combien s'élevait ce dernier ?

55. Un ouvrier A fait *a* pièces d'une certaine étoffe dans le temps que B fait *a'* pièces d'une autre étoffe de même matière ; le premier emploie pour confectionner *b* pièces autant de matière première que le second pour *b'* pièces ; A a déjà fait *s* pièces quand B commence son ouvrage ; combien le second fera-t-il de pièces avant d'avoir employé autant de matière que le premier ?

56. Deux mobiles partent des points A et B et se dirigent l'un vers l'autre ; au bout de *combien de temps* et à quelle distance de A se rencontreront-ils, s'il faut au premier *n* minutes pour parcourir la distance AB, tandis qu'il en faut *n'* au second ?

57. Deux mobiles quittent au même instant les points A et B distants de *d* mètres, et se dirigent l'un vers l'autre avec des vitesses de *m* et *m'* mètres par minute ; quand leur distance ne sera-t-elle plus que de *d'* mètres ; quand sera-t-elle à leur distance primitive comme *p* est à *q* ?

58. Un corps se meut uniformément de A vers B avec une vitesse de *m* mètres par minute ; un deuxième corps qui s'est mis en mouvement *n* minutes après le premier est animé d'une vitesse *m'*, telle qu'il arrivera en B en même temps que l'autre ; quelle est la distance AB ? Combien de temps avant leur arrivée en B se trouveront-ils distants de *d* mètres ?

59. Un mobile quitte un point A et se dirige vers B, distant de A de *d* mètres ; *m* minutes plus tard, un second mobile quitte B et se dirige vers A ; *n* minutes après le départ du second, le premier arrive en B, tandis que le second met encore *n'* minutes pour arriver en A ; quand et où se sont-ils rencontrés ?

40. Un mobile parcourt en *m* minutes la circonférence d'un cercle divisée en *p* divisions égales ; un deuxième mobile qui parcourt la circonférence dans le même sens atteint le premier toutes les *m'* minutes ; en combien de minutes ce deuxième mobile parcourt-il les *ṗ* divisions de la circonférence ?

Z, *Problèmes à plus d'une inconnue.*

N. B. Voir *litt.* **o**, 2ᵐᵉ S , page 41 les problèmes 2, 4, 6, 8, 9, 10, 13, 14, 15, 16, 17, 20 et 21.

1. La somme de trois nombres est *s*. Si du premier et du second on retranche *c* unités, les restes sont entre eux comme *m* à *n*; si du second et du troisième on retranche *a* unités, les restes sont comme *p* à *q*; quels sont ces nombres?

2. La somme des trois chiffres d'un nombre est égale à *s*; la *n*ᵐᵉ partie du nombre des dizaines est inférieure de *b* à la somme des chiffres des centaines et des unités; en retranchant *d* de tout le nombre on obtient un second nombre composé des mêmes chiffres écrits dans un ordre inverse; quel est ce nombre?

3. Deux personnes doivent payer ensemble une somme de *s* fr. Avec l'argent qu'elle a, la première pourrait payer la somme si la seconde lui donnait la *m*ᵐᵉ partie du sien; celle-ci pourrait payer le tout si la première lui donnait la *n*ᵐᵉ partie de son argent; combien ont-elles chacune?

4. Une personne paye *s* fr. pour *a* pièces d'une étoffe et *b* pièces d'une autre; une autre fois, alors que la première étoffe a augmenté de *c* fr. par pièce et la seconde de *d* fr., elle paye *s'* fr. pour *a'* pièces de la première et *b'* pièces de la seconde; que coûtent par pièce ces deux étoffes?

5. Deux capitaux ont été placés à *b* p. %. Le premier a produit au bout de *m* mois le même intérêt que le second au bout de *n* mois; en plaçant le premier à *c* p. % et le second à *d* % ils auraient acquis la même valeur au bout de *m'* mois; quels sont ces capitaux?

6. Un capitaliste a placé trois capitaux, le premier à *a* p. %, le second à *b* p. % et le troisième à *c* p. %. Combien devrait-il prendre du premier et du troisième pour former avec *m* fr. du second un capital de *n* fr. qu'il placerait à *d* p. % sans gain ni perte?

7. Un bassin reçoit de l'eau de deux fontaines; il est également rempli en laissant couler la première fontaine pendant *a* heures et la seconde pendant *b* heures, ou bien la première pendant *c* et la

seconde pendant *d* heures; en combien de temps chaque fontaine peut-elle remplir seule le bassin? En combien de temps le rempliraient-elles en coulant ensemble?

8. Trois fontaines coulent dans un bassin que les deux premières, coulant ensemble, peuvent remplir en *a* heures; la première et la troisième en remplissent les *m* *nmes* en *b* heures; la seconde et la troisième peuvent remplir les *p* *qmes* du bassin en *c* heures de moins que la première coulant seule; en combien de temps chacune d'elles remplirait-elle seule le bassin? En combien de temps la rempliraient-elles si on les laissait couler ensemble?

9. Trois sacs renferment chacun *a* litres d'un mélange de seigle, de froment et d'orge. Le premier contient autant d'orge que de seigle; le second autant de froment que d'orge et le troisième autant de seigle que de froment. Le premier sac contient *m* fois plus de froment que les deux autres ensemble; le second *n* fois plus de seigle et le troisième *b* litres d'orge de moins que les deux autres; combien y a-t-il de seigle, de froment et d'orge dans chaque sac?

. 10. Deux corps distants de *a* mètres se meuvent d'une manière uniforme l'un vers l'autre, avec des vitesses telles qu'ils se rencontreront au bout de *m* minutes; si la direction du plus lent avait été en sens contraire la rencontre se serait faite au bout de *n* minutes; quelles distances parcourent-ils par minute?

11. Deux courriers qui suivent la même route ont quitté la ville B, le premier *a* heures avant le second; *b* heures après le départ de celui-ci leur distance est de *m* mètres; *c* heures plus tard elle n'est plus que de *n* mètres; quand se joindront-ils?

12. Deux mobiles A et B partent en même temps des points C et D, distants de *d* mètres et se dirigent l'un vers l'autre. Si le mobile A était parti *m* minutes avant B la rencontre se serait faite à *p* mètres de C; si B était parti *n* minutes avant A la rencontre se serait faite à *q* mètres de D; quand et où se fera la rencontre?

13. Deux mobiles se meuvent l'un vers l'autre des points A et B qu'ils ont quitté en même temps; *m* minutes après leur départ ils étaient distants de *a* mètres. Actuellement, *n* minutes après leur départ, ils se sont dépassés et sont distants de *b* mètres; s'ils s'étaient

mus l'un derrière l'autre, dans la direction AB, ils auraient été distants de c mètres, p minutes après leur départ; quelle est la distance AB?

14. A, B et C jouent au vingt-et-un. Dans la première partie A tient la banque; B met les m n^{mes} de ce qu'il a et gagne, C met pour enjeu les p q^{mes} de ce qu'il a et perd. Dans la seconde partie B tient la banque; A gagne les m p^{mes} de son avoir et C les n q^{mes} du sien; finalement C prend la banque, A et B mettent pour enjeu respectivement les n p^{mes} et les q m^{mes} de ce qu'ils ont; le premier perd et B gagne; chacun a alors a fr.; combien avaient-ils en se mettant au jeu?

15. On demande le nombre de trois chiffres qui satisfait aux conditions suivantes : le chiffre des dizaines est une moyenne arithmétique entre les deux autres chiffres; divisé par la somme de ses chiffres il donne a pour quotient et b pour reste; enfin renversé il se trouve augmenté du nombre c.

16. A possède trois capitaux; le premier et le second placés ensemble à b p. °/° donneraient au bout de m années un intérêt de b' fr.; le premier et le troisième placés à c p. °/° pendant n années vaudraient au bout de ce temps c' fr.; le second et le troisième placés à d p. °/° produiraient au bout de m' années le même intérêt que le premier capital placé à d' p. °/° pendant n' années; quels sont ces capitaux?

17. Trouver trois nombres tels qu'en ajoutant chacun d'eux respectivement à la somme de deux autres on obtienne pour sommes a, b et c.

18. Un nombre composé de trois chiffres est à la somme de ces chiffres comme m est à n ; augmenté de a dizaines et de b unités il se trouve renversé; diminué de ses p q^{mes} il est égal aux c d^{mes} du nombre renversé; quel est ce nombre?

TABLE DES MATIÈRES.

Opérations fondamentales sur les monômes et sur les polynômes.

ERRATA.

Page.	N°	au lieu de	lisez.
7	4	quadruple	quintuple.
7	7	15480	15420.
13	4	$x + 44 + x$	$5x + 44 + x.$
15	1 et 2	R. 59 et 85	R. 5 et 8.
17	3	dénom. 5	$5\,\dfrac{8}{9}.$
19	3	et lui manque	il lui manque.
23	7	65 et 485	23 et 234.
24	15	2037,89795	1256,58545.
35	13	$7y - 2$	$7y + 2.$
57	4¹	dénom. 4	5.
58	6²	52	54.
»	1	16	18.
»	2	$7y - 5x - 2z$	$7y - 5x + 2z.$
59	4	126,4	76,4.
45	52	10 heures	10 lieues.
»	»	5 heures	5 lieues.
65	26ᵈ	$15x^3$	$15x^2.$
»	26ᵉ	$5xy^2 + y^2$	$5xy^2 + y^5.$